理系大学生活ハンドブック

原田 淳 著

化学同人

本文イラスト(付録除く)／あまちゃ工房　天野勢津子

まえがき（理系にようこそ）

　この本を手にとる方は，理系学部に入学が決まった人，もしくは少なくとも理系学部への進学を考えている人だと思います．最初に「理系にようこそ」といっておきましょう．

　みなさんの多くは，理系の道に進んでほんとうによかったとやがて思うことでしょう．たとえば，卒業研究で取り組んだ内容が論文になったときに，よかったと思うかもしれません．理系では自らの研究内容が，論文や学会発表という形で具体化します．または就職活動のときに，よかったと思うかもしれません．理系だからというだけで就職活動がうまくいくわけではありませんが，理系のほうが有利なのは事実でしょう．あるいは就職してから，よかったと思うかもしれません．世の中で使われる（人の役に立つ）製品やサービスを生み出すことができるのは，大きなやりがいです．さらに，仕事で開発した技術が特許に結びつけば，喜びは増すことでしょう．

　理系の人材として一人前になるためには，大学生活の過ごし方が重要です．中でもスタートは大きな意味を持ちます．入学前後から1年生の前期までをうまく過ごしてよい習慣を身につけることができれば，その後の大学生活も順調に進みます．逆にいえば，最初につまづくと思わぬ苦労をすることにもなりかねません．筆者自身の大学生活を振り返ってみてもスタートが大事だと感じますし，大学で講義や学生支援に携わるようになって，よりいっそう新入生の時期の過ごし方が大切だと認識するようになりました．

　そこでこの本では，大学生活をうまくスタートさせるために，理系としての学び方，将来のためにしておくべきこと，理系の進学や就職の実態などを，具体的にわかりやすく説明しました．第1章では，入学前の準備やオリエンテーション，入学式，友だちづくりなど，入学前後の大事なことについて説明しています．第2章には，教室，実験室，図書館などの役割と，カフェ，学食，売店などの厚生施設について記しました．第3章では，パソコン，メール，学生用システムについて説明しています．第4章では，大学の授業，実験・実習，試験や日々の学習について詳しく解説しました．第5章には，大学での学びをサポートする仕組みについて紹介しています．第6章では，大学生活を充実させるクラブ，サークル，アルバイトについて記しました．第7章には，英語や留学の重要性について示しました．第8章では，大学での研究，卒業論文，学会発表，特許について記しています．第9章では

将来の進路に関すること，すなわちインターンシップ，大学院進学，就職活動について説明しました．理系は文系とは違い実験・実習，研究室配属，卒業研究などがほぼ必ずついて回ります．これらの理系特有のことについては，特にていねいに説明しました．

　本書にひと通り目を通してもらうと，入学から進学・就職まで，理系大学生活全体をイメージすることができるでしょう．実際に大学生活がスタートして，とまどうことや疑問に思うことがあれば，あらためて関連するところを読んで参考にしてください．

　みなさんの理系大学生活が充実して実り多いものとなることを心より願っています．

　最後になりましたが，本書のイラストと装丁を描いてくれた天野勢津子さんは，こちらのイメージを見事に具体化してくれました．厚く御礼申し上げます．

原田　淳

CONTENTS

第1章 まずはスタートが肝心 ……… 1
- 1-1 大学生活は入学前から始まっている？ 2
- 1-2 キャンパスや生活環境も知っておけば安心 4
- 1-3 最初のビッグイベント「入学式」 6
- 1-4 入学前からオリエンテーション 8
- 1-5 オリエンテーションで大学の基本ルールを知る 10
- 1-6 先生や職員と顔なじみになろう 12
- コラム キャンパスマップ，大学周辺マップを手に入れよう 5
- 便利な大学生協 9
- 実際にあったこんな話 入学式でできた友人が4年間の親友に 7
- 学生の間に身につけておきたいこと コミュニケーション力を高めよう 13
- 理系の仕事 研究開発の仕事 14

第2章 早く大学になじもう ……… 15
- 2-1 どんなところで授業をするの？ 16
- 2-2 図書館を利用しよう 18
- 2-3 コンピュータ室や自習室も用意されている 20
- 2-4 ちょっとひと息つきたいときは 22
- コラム 便利な施設は使わなきゃ損 21
- 理系の仕事 設計の仕事 24

第3章 理系学部ではパソコンが不可欠 ……… 25
- 3-1 パソコンは必須 26
- 3-2 電子メールを活用しよう 28
- 3-3 メールのルールを知ろう 30
- 3-4 学生用システムを使いこなす 32
- 3-5 パソコンやシステムを利用するうえで気をつけること 34
- 3-6 SNSで気をつけておきたいこと 36
- 理系の仕事 品質管理の仕事 38

CONTENTS

第4章　大学の授業に慣れよう　39
- 4-1　授業にのぞむ基本姿勢　40
- 4-2　講義体系を理解しよう　42
- 4-3　授業の仕組みと制度　44
- 4-4　シラバスって何だ　46
- 4-5　とても大切な履修登録　48
- 4-6　予習のすすめ　50
- 4-7　理系に必須の実験・実習　52
- 4-8　試験で慌てないために　54
- コラム　プレースメントテストと補習　43　　集中講義で学びたい科目　45
- 　　　　数学の概念をわかりやすく説明したおすすめ本　55
- 実際にあったこんな話　履修登録のミスが…　49
- 理系の仕事　生産技術の仕事　56

第5章　サポートの仕組み　57
- 5-1　勉強に困ったときは　58
- 5-2　ラーニング・コモンズって？　60
- 5-3　TAは頼りになる先輩　62
- コラム　大学院に進学したらぜひTAをつとめよう　63
- 実際にあったこんな話　高校時代は文系だったけれど機械工学科に進学して自動車メーカーのエンジニアに　59
- 実験・レポート　実験するときには安全に注意　64

第6章　学業以外も大切：クラブやアルバイト　65
- 6-1　大学生といえばクラブ・サークル　66
- 6-2　理系ならではのクラブやサークル　68
- 6-3　アルバイトはお金のためだけじゃない　70
- 実際にあったこんな話　フォーミュラカーのサークルに入って自信がついてきた　69
- 　　　　　　　　　　　アルバイトを辞めなくてよかった　71
- 実験・レポート　理系の実習にもいろいろ　72

CONTENTS

第7章　将来への布石　73
- 7-1　英語は必須　74
- 7-2　留学は貴重な人生経験　76
- 7-3　留学のメリット　78
- 7-4　ポートフォリオをつくろう　80
- コラム　ポートフォリオは就職活動の強い味方　81
- 実験・レポート　実験レポートの書き方　82

第8章　いざ研究者の世界へ　83
- 8-1　研究機関としての大学　84
- 8-2　研究室ってどんなところ？　86
- 8-3　卒業論文を書くには　88
- 8-4　学会で研究の輪を広げよう　90
- 8-5　大学の研究でも特許がとれる　92
- コラム　基礎研究は役に立たない？　85
- 　　　　研究室ごとに大きく異なるルール・スタイル　87
- 悩み・相談　悩みのあるときにはカウンセリング　94

第9章　4年後への準備　95
- 9-1　インターンシップのすすめ　96
- 9-2　大学院にいくほうがいいの？　98
- 9-3　大学院に進学するには　100
- 9-4　博士って何？（博士後期課程，博士課程）　102
- 9-5　就職活動について　104
- コラム　理系の大学院に進学するメリット　99
- 悩み・相談　進路・就職のことならキャリアセンター　106

CONTENTS

付録　困ったときは ……………………………………………………… **107**
- A-1　大学を変わりたい　108
- A-2　初めての一人暮らし　110
- A-3　友人がつくれない　112
- A-4　勉強についていけない　114
- A-5　発表が苦手　116
- A-6　レポートが書けない　118
- A-7　期末試験が心配　120
- A-8　もしかして，ブラックバイト？　122
- A-9　将来，何をしたいのかわからない　124
- A-10　これって，ハラスメント？　126
- A-11　学費に困ったら　128
- A-12　やむを得ず休学・退学するとき　130

キーワード（索引）　*133*

第1章

まずはスタートが肝心

　大学生活は入学式からスタートすると思っていませんか？昔はたしかにそうでした．しかし最近は，入学前から課題が出されたり，参加が必須のイベントがあったりします．入学前の課題やイベントなんて面倒だと思うかもしれません．しかし，それらに積極的にかかわることで，よりスムーズに大学生活に入っていけるのです．
　この章では，まず入学前の準備やイベントについて説明します．次に，大学生活のスタートにあたって，友だちをつくったり教職員と関係を築いていく方法をわかりやすく示します．友だちができて，教職員とも顔見知りになれば，楽しい大学生活を送ることができます．

第1章 まずはスタートが肝心

1-1 大学生活は入学前から始まっている？

1　ホッとしている場合ではない？

　大学入試に合格してホッとしているときに，入学前にもかかわらず大学から課題が出されることがあります．そのうちの一つは，指定校推薦などの制度がある高校と大学で協議しながらつくる課題です．推薦入試は時期が早く，合格から入学までの期間が長くなるため，だらけてしまわないように課題を出すのです．英語の課題やレポートなどがあります．

2　理系によくある入学前課題とは

　そして，理系の場合によくあるのが，大学での授業に必要な最低限の基礎を学ぶための課題です．学科によって異なりますが，主に数学，物理，化学，生物などの理数系科目が課されます．特に推薦入試で入学する場合は，理系の学部に進学してくる学生であっても，数学や理科を十分に習得していない場合があります．そこで大学の教員としては，入学前に最低限のレベルには到達しておいてほしいと考えて課題を出すのです．

3　課題は必ずやっておこう

　こうした事前の課題が出された場合は，必ずやりましょう．入学後の授業についていくために必要だからです．理数系科目は基本事項がわかっていないとその先も理解できないため，最低限の基本を理解していることが特に必要なのです．また，課題の結果によって学力別のクラス分けをすることもあります．

4　入学前から授業？

　入学前に補習授業を実施する大学もあります．推薦入試の合格者や高校での理数系の未履修科目がある人を対象として，数学，物理，化学，生物を実施する場合が多いようです．先取りというよりも，大学で学ぶために必要な知識を習得するという意味合いです．他には，ディスカッション，グループワーク，あるいは実験など，大学での学習方法を体験するための講座を実施している大学もあります．

入学前から授業が

5　補習授業を活用して苦手意識を克服

　入学後の講義を受講するのに必要な基礎レベルの学力に到達していないと，いきなりつまずいてしまいます．最悪の場合，単位を取得できず，中途退学につながることもありえます．ですから大学が入学前の補習授業を実施しているのであれば，未履修科目や苦手科目がある人は，活用しない手はありません．補習授業は未履修者が理解できるレベルに設定されているので，苦手を克服する絶好のチャンスです．積極的に利用しましょう．

6　通信講座や学習用サイトもお役立ち

　補習授業以外にも，DVDによる通信講座を実施したり，自己学習用のウェブサイトを開設している大学もあります．これらを利用する・しないは任意になっていることも多いですが，先にも記したように未履修の科目や苦手な科目については積極的に受講しましょう．入学前にこうした準備ができていると，安心して大学生活に入っていけます．

第1章　まずはスタートが肝心

1-2　キャンパスや生活環境も知っておけば安心

1　入学前にキャンパスに行ってみよう

　大学入学を機に一人暮らしをする人も，自宅から通う人も，入学式までにキャンパスに足を運んでみることをぜひおすすめします．たとえば規模の大きな大学では，建物や施設の位置を把握しておかないと，移動に時間がかかって遅刻しかねません．大学の雰囲気を知るという意味では，できれば学生のいる平日に行ければいいですね．

2　学食や生協も見ておこう

　多くの大学では入学式前でもキャンパスの中に自由に入ることができます．学生証などがないと入れない施設もありますが，自由に出入りできる建物も少なくありません．たとえば生協の売店や書店，学食などは学生や教職員でなくても利用できます．小規模のキャンパスでなければ，食堂は複数ある場合がほとんどです．入学前の融通の利く間に，食べ比べてみるのもよいかもしれませんね．

3　通学経路も確認しておこう

　また，学内の施設だけでなくキャンパス周辺も見ておくといいでしょう．公共交通機関を使って通学するのであれば，最寄り駅やバス停などを確認しておけば，迷うことがありません．また，キャンパスが最寄り駅から離れているところでは，大学がシャトルバス（スクールバス）を運行していることがあります．シャトルバスを運行している場合は，大学のウェブサイトに利用方法，時刻表などが掲載されています．

4　学校周辺の様子も見ておこう

　キャンパスの周りを歩いて，近所にあるコンビニ，食道などを見ておけば，いざというときに困りません．また，一人暮らしをする場合には，生活をするうえで必要となる，スーパー，コインランドリー，ホームセンター，ドラッグストア，そして，病院，銀行，郵便局などの場所を確認しておくとよいでしょう．

美しいキャンパス

> **コラム**
>
> ### キャンパスマップ，大学周辺マップを手に入れよう
>
> 　大学のキャンパスマップが公開されていたら，もっておくと便利です．建物の位置関係を把握していれば，移動のときも部屋を探し回らなくてすみます．また，大学生協などが大学周辺マップを作って，新生活を応援するために配布しているところも少なからずあります．特に一人暮らしを始める人にとっては，強い味方となるでしょう．
>
> 　せっかく一人暮らしをするのなら，地域のことをよく知って，充実した生活にしていきたいものです．大学周辺マップには，飲食店やスーパーはもちろん，生活に必要なドラッグストア，病院，銀行，郵便局，交番などが紹介されています．お勧めの観光地が掲載されているものもありますので，マップを片手に散策してみてはいかがでしょうか．

第1章 まずはスタートが肝心

1–3 最初のビッグイベント「入学式」

1 いよいよ入学式

　大学生活最初のイベントといえば，もちろん入学式．いよいよ大学生活のスタートです．これまでと違った新しい環境で，自分の興味ある分野を学ぶのですから，わくわくどきどきしますね．しかし高校までとは違い，学生はとても広い地域から集まってきます．知り合いがほとんどいない状態からのスタートも珍しくありません．大学生活を有意義で楽しいものにするためには，新しい人間関係を築いていくことはきわめて重要です．新入生にとって，大学での友だちづくりは最初の課題といっていいでしょう．

2 入学式の流れ

　入学式では，学長や学部長が新入生を迎えて，学長から入学許可の宣言と告辞があり，入学生の宣誓，来賓の挨拶，大学歌斉唱などがあるのが一般的です．規模の大きな大学では先着順で席に座りますが，比較的小さな大学では学部や学科ごとに席が指定されることもあります．入学式で隣に座って話しがはずみ，そこから友だちになることもありますが，式の間は私語を慎みましょう．

3 隣の席の人にあいさつしてみよう

　入学式では，隣の席に座った人にまずあいさつしてみましょう．相手から声をかけられるのを待つのではなく，積極的に話してみるとよいでしょう．大学生活は大人への第一歩ですから，自分で行動できるようになりたいものです．あいさつは，「こんにちは」程度でかまいません．そして，「出身はどこ？」，「どんなサークルに入るつもり？」などをきっかけに，話しを膨らませましょう．

4 入学式が終わったら

　入学式が終わったら，隣の人に改めて「話せてよかった」，「ありがとう」，「またね」，「これからよろしく」などとひと声かけておきましょう．式の前に少しだけ話しをしたのと，最後にもう一度声をかけたのでは印象が違います．次に会ったときにも声がかけやすいでしょう．

入学式の様子

> **実際にあったこんな話**
>
> ### 入学式でできた友人が4年間の親友に
>
> 　大学生になり新しい人間関係を築きたいと考えていたため，入学式で隣の席になった人に，こちらから声をかけました．彼が大人びて見えたので「大学院生の方ですか？」と話しかけたのを今でも憶えています．彼とはたまたま同じ学科で，後日，オリエンテーションで見かけたときに再び声をかけました．
>
> 　それからも講義の前後などに話しをする機会をつくり，なんとなくの友だちになっていきました．クラブも違うし，下宿も近くはありませんでしたが，読書は共通の趣味でした．彼とは同じジャンルの本が好きだったので，読んだ本を紹介しあったり，本を貸し借りしました．また彼はとても優秀だったので，試験前にはよく彼のところで勉強を教えてもらいました．苦手な科目を教えてもらって，とても助かりました．
>
> 　そういう友達関係を続けているうちに，同じ研究室に配属になりました．この頃にはかなり打ち解けた関係になり，研究や就職のことをよく話しました．親友といってもよい関係だったかもしれません．彼は大学院に進学することになり，私はメーカーに就職することが決まりました．違う道を歩むことになりましたが，これからも信頼できる友だちとして付き合っていくことになりそうです．

第1章 まずはスタートが肝心

1–4　入学前からオリエンテーション

1　入学前にもオリエンテーション

　以前は，入学式が終わってからオリエンテーションが行われるのが一般的でした．しかし最近は，入学前オリエンテーションを実施する大学が増えてきていて，「必ず参加してください」と指示されることもあります．中には宿泊形式のものまであります．入学前なのに集まったり，宿泊したりするのは面倒だと思いがちですが，友だちや教職員と顔見知りになることを目的とした，とても重要なイベントです．

2　入学前オリエンテーションの内容

　入学前オリエンテーションは，新入生どうしの人間関係を築いたり，教職員と顔見知りになるための機会を設けるためのものなので，内容は自己紹介やゲームなど楽しいものばかりです．宿泊の場合はキャンプファイヤーなどをすることもあります．また，先輩も参加して大学生活のアドバイスをしてくれる場合もあります．

3　乗り遅れないために

　入学前オリエンテーションに参加していないと，他の同級生は友だちやグループができているのに，自分には誰も知り合いがいないということになりかねません．教職員や先輩に知り合いがいないのも不安ですよね．入学前オリエンテーションには，ぜひ参加しましょう．

4　重要な手続きや説明のあることも

　入学前オリエンテーションで，学生証を交付したり時間割を配布したりする大学もあります．最近は学生証がICカードになっている大学が増えていて，学生証が授業の出席確認，図書館の利用，コンピュータ室や実験室に入る際の認証に使われることもあるため，学生生活には学生証が必要不可欠です．入学前であっても，このような重要な手続きや説明をすることもあるので，やむを得ず欠席する場合には，後でどのような手続きをすればよいのか確認しておくことが必要です．

仲間をつくろう

コラム

便利な大学生協

生協は「消費生活協同組合」の略称で，コープ（co-op）は協同組合を意味する英語「co-operative」からとったものです．大学生協は，その大学の学生や教職員が加入でき，組合員になると商品やサービスを市価よりも安く手に入れることができます．たとえば生協の運営する学食では組合員価格が設定されていますし，生協の書店では書籍やCDなどを割引価格で購入できます．売店では文房具やパソコンだけでなく，教材，白衣，スポーツウェア，食品・飲料など，大学生活に必要な物品を取り扱っています．さらに旅行，保険（学生賠償責任保険など），運転免許の取得，各種の資格取得講座まで，さまざまなサービスを提供しています．また，住まいの紹介や引っ越し，家電製品の販売なども行っています．

大学生協でアルバイトすることもできます．アルバイトが初めてという人でも，学内の生協であれば安心して働くことができるでしょう．

このように大学生協は非常に便利な存在ですが，生協のない大学もあります．もし自分の大学に生協がない場合は，インターカレッジコープが利用できます．インターカレッジコープとは，生協のない大学の学生や教職員が加入して利用することができる大学生協です．加入すると，提携の店舗や通信販売などで商品を購入したりサービスを受けることができます．

第1章 まずはスタートが肝心

1-5 オリエンテーションで大学の基本ルールを知る

1 大学の基本ルール説明の場

　大学生活をスタートさせるにあたって，オリエンテーションはとても大切です．大学では基本ルールが高校とは大きく異なりますが，このとき以外にまとまった説明を受ける機会はありません（※）．大学では，高校までと違ってずっと一つの教室で過ごすことはなく，いわゆる「クラス」というものがありません．そのため，オリエンテーションの機会を逃すと，そのフォローはたいへんです．

※万が一，オリエンテーションを欠席してしまったら，必ず大学の事務室に欠席したことを伝え，配布物の受け取り方法や必要な手続きなどを確認しましょう．

2 入学式後のオリエンテーションやガイダンス

　入学式後は2〜3日にわたってオリエンテーションやガイダンスが実施されます．この期間中に学生便覧や授業時間割などの重要な資料が配付されたり，さまざまな手続きを済ませたりしますので，必ず出席しましょう．

3 知らないと困ることばかり

　オリエンテーションでは，講義を受講するにあたって必要不可欠な履修登録の仕方や卒業要件についての説明があります．学生向けのポータルサイト（学生用システム）の説明もあるでしょう．また，大学内の施設の利用ルール，学生証を兼ねたICカードの使用方法などについての説明もあります．知らないと困ることばかりなので，しっかり聞いて理解しておきましょう．大事なことはメモするのを忘れないように．

4 こんなことまで

　オリエンテーションの日程の中には，健康診断や生活面の注意事項説明なども組み込まれている場合があります．また専門の基礎となる理数系や語学の科目について，学力別にクラス分けするためのプレースメントテストを実施することもあります．プレースメントテストを受けることによって，自分の学力に合った適切なクラスで授業を受けることができます．

オリエンテーションは大切

5 　保護者向けや友達づくりのためのオリエンテーションも

　入学式後に保護者向け説明会を実施する大学が増えてきました．保護者の方にとって非常に関心の高い卒業後の進路や就職についての説明があります．また近年は友だちづくりなど，人間関係を形成するためのイベントもオリエンテーションとして実施されることがあります．ぜひ参加して交流の輪を広げましょう．

6 　新入生歓迎イベントに参加しよう

　この時期には新入生歓迎イベントもあり，大学によってさまざまなものがあります．たとえば学科単位で教職員や先輩との懇親会を実施するもの，語学のクラスで分かれて宿泊するもの，1年次のゼミで分かれて学外へ研修にいくものなど，それぞれの大学や学部で，ユニークな新歓イベントが行われています．こうしたイベントに参加することで友だちと仲よくなったり，先輩と知り合ったり，教職員と顔見知りになったりすることができます．

第1章 まずはスタートが肝心

1-6 先生や職員と顔なじみになろう

1 チューター（アドバイザー）とは

　高校までは担任の先生がいました．大学ではそれにあたる教員として，チューター（アドバイザー）の制度があります．学科の教員が分担して数名〜数十名の学生を担当し，それぞれの学生に指導や助言を行います．修学上のことだけでなく，大学生活全般について相談できる存在です．履修登録をするときや，成績が確定したときに，チューターと面談する大学もあります．理系の場合には，研究室に配属になったら指導教員がチューターとなる（あるいはその役割を担う）のが一般的です．

2 チューターを訪ねてみよう

　オリエンテーションでチューターと話す場合もありますし，チューターによっては日時を決めて自分の担当する学生を集めることもあります．しかしそうでなくても，早い時期にチューターの先生に会ってみましょう．

3 オフィスアワー

　教員はオフィスアワー（在室している曜日と時間）を公開していますので，その時間に訪ねてみるとよいでしょう．自分の所属と名前を告げ，チューターにあいさつに来たことを伝えましょう．担当の学生に訪問されて迷惑に感じる教員はいませんので，安心してください．いちど会っておけば，後日，何か相談があるときに話しやすくなります．

4 教務課の職員と話してみよう

　入学直後は何かと手続きや提出する書類が多い時期です．教務課や学生課といわれる部屋へいく機会も多いでしょう．そうしたときにただ単に書類を提出するだけでなく，何か少しでも話ができればよいですね．それまでにお世話になったことがあれば，そのお礼を伝えればよいでしょう．事務室の職員に顔を覚えてもらうと大学生活が円滑に回ります．

5　知り合いは多いほどよい

　教職員以外にも大学で働いている人たちがいます．たとえば，売店，書店，食堂などのスタッフの方です．買い物にいったとき，食事にいったとき，顔を合わせたらあいさつをしましょう．あいさつを繰り返しているうちに，知り合いになります．学内に知り合いが増えていくほど居心地がよくなります．

学生の間に身につけておきたいこと

コミュニケーション力を高めよう

　社会に出てから最も重要となる能力の一つに「コミュニケーション力」があります．なぜなら多くの仕事はチームで取り組むものであり，コミュニケーションがうまくとれないとさまざまな問題が生じるからです．新入社員を採用する際に最も重視する能力としてコミュニケーション力をあげる企業は8割にものぼるというデータもあります．

　では，コミュニケーション力はどのようにして身につけていけばよいのでしょうか．じつは，日常生活でコミュニケーション力を高める方法があります．次のことを意識してみましょう．

①きちんとあいさつをする
　知り合いに出会ったら必ずあいさつをしましょう．

②話を聞くときには，うなずきやあいづちを忘れない
　人と話をするときには，相手に視線を向けるのが基本です．そして，相手の話を聞くときには，うなずきやあいづちを意識しましょう．

③何かしてもらったら必ず「ありがとう」をいう
　対人関係を築くうえで重要となるのが，何かしてもらったら必ず「ありがとう」などの言葉で感謝を示すことです．

　いずれも簡単なことばかりですが，こういう能力こそが社会で求められるのです．意識してやっているとコミュニケーション力が身についてきます．ぜひ，実践してみてくださいね．

理系の仕事
「研究開発の仕事」

　「理系の仕事」と聞いて真っ先に思い浮かぶのは，研究開発の仕事ではないでしょうか．実験や調査をしながら研究を進めていき，新しい技術を開発していく仕事です．研究開発は大きく基礎研究と開発研究に分かれます．基礎研究はすぐに製品に結びつく研究ではなく，企業にとって将来必要な技術的基盤を確立するためのものです．一方，開発研究は，数年後には製品として市場に出すことを目標とするものです．

　仕事内容としては，実験，技術報告書の作成，論文の執筆，学会発表，他社技術・製品の評価，特許調査，特許申請などです．一つの研究テーマが成果をあげるには，数年から十数年かかることが一般的です．そのため，地道に探求を続けていくことができる人材が求められます．一方，最新の研究や技術動向を知ることも大切なので，常に勉強を続ける姿勢も求められます．

第 2 章

早く大学になじもう

　入学式やオリエンテーションが終わったら，いよいよ授業が始まります．大学では授業のたびに教室を移動しますので，高校までとはずいぶん違います．多くの建物や施設があるので，場所を覚えることも必要です．この章では，大学の教室，実験室・実習室，図書館などの施設について説明します．また，食堂や売店も紹介します．

第2章 早く大学になじもう

2-1 どんなところで授業をするの？

1 授業のたびに部屋が変わる

　大学の時間割を見ると，授業ごとに教室の番号が違っているのがわかるでしょうか．大学では授業ごとに教室を移動するのです．別の建物に移動することもよくあります．キャンパスは広いので，自分が受講する授業がどの建物のどの階で行われるのか知っていないと遅れてしまいます．初めていく場所のときは，特に気をつけましょう．

2 大講義室

　高校と違って，大学では授業によって受講する学生の人数が大きく変わります．そして，受講人数によって異なるタイプの教室が使われます．教養科目（共通教育科目）は一般的に大人数（数百人のこともある）が受講するため，席が階段状に配置された大講義室で開講されることが多いです．そのような教室では，肉声だけでは後ろの席まで声が届かないので，マイクを使って授業が行われます．このような大講義室の授業では，前のほうに座らないと，授業が理解しにくい場合もあります．

3 中教室や少人数の教室

　一方で専門科目になると，学科ごとでの授業になるので，数十人単位になります．また，もっと少人数の場合もあります．たとえば語学を少人数のクラスで授業をする場合などは，高校のときと同じような教室を使います．また，最近では少人数でグループワークやディスカッションを行う授業も増えており，そのための部屋を設けている大学もあります．

4 理系に特有の実験室，工作室，製図室

　理系では実験や実習があるため，そのための設備や器財が備わっている部屋が用意されています．たとえば機械系の学科では，工作機械を使う実習を行うための工作室があります．また機械系や建築系の学科では，24時間開いている製図室があり，自分専用の製図机を使うことができるようになっているところもあります．

さまざまな器具が並ぶ実験室

5　体育館，グラウンド，テニスコート，トレーニング室，プール

　大学でも体育の授業があり，半期に一つの種目を選択することが多いようです．授業は体育館やグラウンドで行われますが，これらはキャンパスの端に配置されていることが多いので，場所を確認しておきましょう．最近は温水のシャワー室を備えた施設も増えています．また大学によっては，テニスコート，トレーニング室，プール，ゴルフ練習場などもあります．

6　先生の研究室

　理系の先生たちは，専用の研究室や実験室をもっています．これは授業で学生が実験をする部屋とは違います．先生を訪ねていって部屋（教授室など）にいなくても，隣の研究室や実験室にいるかもしれません．それぞれの先生のもとには，卒業研究をしている学部4年生をはじめ，大学院生やスタッフ（准教授や講師などの先生）がいます．詳しくは第8章を読んでください．

第2章　早く大学になじもう

2-2　図書館を利用しよう

1　本の貸し借りだけじゃない

　大学の図書館は本の貸し借りをするためだけの場所ではありません．CDやDVDの視聴サービスがあったり，コンピュータ（パソコン）が利用できたりします．もちろん自習も可能で，勉強に使う学生も少なくありません．また，企画展やワークショップなどを開催している図書館もあります．ウェブサイトで新着情報などを発信している図書館も多いので，定期的にチェックしてみてはいかがでしょうか．

2　専門書がたくさん

　大学では教育だけでなく研究も行われていますので，図書館は研究のための専門書も多く蔵書しています．大学の授業では，授業の中で参考書として本が紹介されることがありますが，内容については詳しく説明されないことも少なくありません．その場合には，図書館でその本を探して読んでみるとよいでしょう．参考書に目を通すことで，授業の内容がより深く理解できます．

3　学術雑誌（学会誌）と文献複写制度

　理系の学部がある大学では，いろいろな分野の学術雑誌がずっと蓄積されています．参考文献として紹介される論文の多くは学術雑誌に掲載されています．また，先行研究の調査をするときに役立ちます．学術論文というと難しいイメージですが，いずれは読めるようになりたいものですね．読みたい論文が大学の図書館になくても大丈夫です．大学の図書館は相互に協定を結んでいて他大学からコピーを取り寄せるサービスがあります（ただし有料です）．

4　機関リポジトリ

　機関リポジトリとは，研究機関の構成員がつくった知的生産物を電子情報として収集・管理し，広く公開するというシステムです．大学では図書館がこの役割を担っており，大学の先生や学生が書いた論文などを電子情報として蓄積・公開しています．学術雑誌に掲載された論文だけでなく，紀要（大学独自の論文誌），研究報告，

図書館を利用しよう

教育に関する資料（講義ノートや教材），学位論文など，大学のさまざまな知的生産物がアーカイブされています．

5　小説や雑誌も読める

　大学の図書館というと研究用の専門書や学術雑誌だけを蔵書しているイメージがあるかもしれません．しかし，最近は研究や勉強に関する本だけでなく，いわゆる一般向けの図書館としての機能も充実してきました．ベストセラーの小説や新書などもありますし，一般の雑誌や新聞なども読むことができます．図書館としても一人でも多くの学生に利用してほしいので，サービスの向上につとめています．

6　さまざまなイベントも開催している

　大学の図書館では，さまざまなイベントが開催されます．学術関係の企画展示だけでなく，写真展や絵画展などが開かれることもあります．また，講習会やトークイベントなどを行う図書館もあります．中には，図書館でエクササイズの実習を行っているところもあるようです．このようにさまざまな機能をもつ大学図書館を無償で使えるのですから，使わない手はありません．どんどん利用しましょう．

第2章　早く大学になじもう

2-3　コンピュータ室や自習室も用意されている

1　コンピュータ室にいってみよう

　大学ではレポートを作成するとき，必ずといっていいほどパソコンを使います．そのため，学生がパソコンを使うことができる部屋があります．実習用のコンピュータ室が使われていないときに開放する場合もあれば，授業には使わないコンピュータ室を設置している大学もあります．また，CADを使った設計の授業がある学科では，CADソフトが使えるコンピュータが用意されています．

2　コンピュータ室の使い方

　コンピュータ室のパソコンを使うときには，一般にアカウントとパスワードを入力しなければなりません．アカウントとパスワードはオリエンテーションなどで配布されますので，忘れないようにしましょう．つくった文書などをプリンターで印刷することも可能です．ただし，大学によっては印刷可能な枚数が決められているところもあります．

3　自習室

　大学には学生が勉強するための自習室があります．パーティションで仕切られた席には，最近ではコンセントが備えられています．また有線／無線を通じてインターネットに接続できるのも普通になってきました．英語用の自習室を設置している大学もありますし，試験期間中には自習室を24時間開放している大学もあります．社会人になると，こういう施設のありがたさがよくわかりますが，後の祭りです．使えるうちに，どんどん使っておきましょう．

4　多目的室

　多目的室はミーティングなどに使うための部屋で，多くは事前に予約をしなければなりません．ただし，空いていればその場で予約できる場合もあります．ミーティングができるように，机と椅子の他にホワイトボードなどがあります．自習室と同様，最近はインターネットが使えるところも多くなっています．実験や実習の打合せ，サークルのミーティングなどに使えます．

多目的室でミーティング

> **コラム**
>
> ### 便利な施設は使わなきゃ損
>
> 　入学して落ち着いてきたら，大学の中にあるさまざまな便利な施設を使ってみましょう．トレーニング室，テニスコート，プールなどのスポーツ施設は，無料あるいは民間に比べて安く利用できます．スポーツ施設には温水シャワーが設置されていることも多く，気持ちよく利用できるでしょう．最近の大学図書館ではDVDを鑑賞するスペースを設けているところが多く，映画などを観ることができます．
>
> 　また理系学部では，もの作り施設や工房を自由に使えるように解放しているところがあります．簡単な日曜大工用の工具から，電子工作用のハンダごてに加えて，テスターやオシロスコープなどの測定器を備えているところもあります．さらに，最近では３Ｄプリンターが使えるという工房もあり，そういうところでは３D-CADで設計したデータをもち込んで試作することも可能です．ただし，旋盤やボール盤などの工作機械は，安全に配慮する必要があるため，事前に講習を受けなければなりません．
>
> 　このような施設を無料または少額の費用で利用できます．使わなければ損ですよね．どんどん使い倒しましょう！

第2章 早く大学になじもう

2-4 ちょっとひと息つきたいときは

1　学食（学生食堂）は学生の強い味方

学食は価格が安く，栄養のバランスも考えられており，メニューも豊富です．決まったメニューを受け取るレーン方式と，好きなものを選んで取っていくカフェテリア方式があります．学生証と一体となったICカードでの支払いが可能なところも増えてきました．昼食はもちろん，朝食や夕食も提供している学食もあります．最近は，後援会などの補助により低価格で朝食を提供したり，おかずを一品追加するようなサービスもあります．

2　充実している学食のメニュー

最近の学食はメニューが充実してきました．定食だけでなく，単品のメニューもたくさんあります．定番はカレー，麺類，丼ですが，オムライスやパスタなども増えてきました．また，リーズナブルな価格でステーキが食べられる学食も登場しました．大学によっては学食の他にレストランが設置されています．そういうところでは本格的なイタリアンやフレンチが提供されており，教職員が接待に使うこともあります．

3　大学内にはカフェもある

最近は，ほとんどの大学にカフェがあります．コーヒーなどの飲み物だけでなく，軽食も提供しています．ひと息いれながら勉強したり本を読んだりすることができます．こういうカフェでも，インターネットに接続できるところが増えてきました．学食やカフェは，学生だけでなく教職員や一般の方も利用できるようになっているところがほとんどです．中には，遠方からわざわざ食べに来るお客さんがいるお店もあります．

4　学生ラウンジ（談話室）

のんびり過ごしたいときや休憩したいときには，学生ラウンジ（談話室）があります．自習室などと違って，会話をしてもOKです．ソファを置いているところも

カフェでひと息

あり，昼食後や授業が空いたときなどにくつろぐことができる場所になっています．飲食を可能としているところと，そうでないところがあるので，利用上のルールを確認しておきましょう．

5 売店はなくてはならない存在

　大学の売店は，文房具，書籍，弁当やおやつ，そしてチケットなどを取り扱っています．規模の大きな大学では，文房具や書籍を扱う店と，食べ物を扱う店は別になっています．大学生協が運営しているところが多く，組合員であれば書籍，CD，DVDなどが割引になります．授業で使う教科書もここを通じて購入する場合がほとんどです．大学生協はアパートのあっせん，旅行の手配，家電・家具の販売なども手がけています．まさに，大学生活になくてはならない存在といってもよいでしょう．

6 大学内にコンビニも

　最近は学内にコンビニエンスストアのある大学が増えてきました．学生や教職員の利便性を考慮して設置が増えているようです．品揃えは市中の店と大きな違いはありませんが，メインの客層は大学生であるため，若い人向けの商品がやや多いかもしれません．また，大学内のコンビニでは24時間営業しているところは少ないようです．学内，学外のどちらからも入店できるように大学の敷地の境界に設置されている店舗もあります．

| 理系の仕事 |

「設計の仕事」

　設計は製品の仕様を決め，求められる機能や形を具体化していく仕事です．研究開発部門で開発された技術を「製品」という最終形に落とし込む仕事であるともいえるでしょう．工業分野での設計では，量産が可能なように，作りやすさも考慮しなければなりません．自分の手がけた製品が世に出るため，物づくりのやりがいを感じることができます．

　設計は，研究開発部門，製造部門，品質管理部門などと連携して仕事を進めるため，技術力に加えてコミュニケーション力も必要です．また，生産開始や市場投入などの期日が決まっているため，納期を守ることが強く求められます．最新技術や市場の動向などについての理解も欠かせません．

第3章

理系学部ではパソコンが不可欠

　理系の学部では，さまざまな場面でパソコンを使います．授業の履修登録などの手続き，電子掲示板の確認などの日常の確認から始まり，レポートの作成など授業に直接関係することまで，パソコンは必要不可欠です．大学には学生が自由に使えるパソコンが用意されているでしょうが，いずれは自分のものをもちたいものです．この章では，大学でパソコンをどのように用いるのか，またどのようなことに注意すればよいのか説明していきましょう．

第 3 章　理系学部ではパソコンが不可欠

3–1　パソコンは必須

1　便利な学内システム

　授業の履修登録は，学生用システムから行うのが主流です．また，昔ながらの掲示板もまだ残ってはいますが，さまざまな連絡事項は学生用システム上に掲示されます．学外からでもシステムにアクセスできる大学もあり，掲示板までいかなくても情報が得られるのですから便利な時代になったものです．しかし逆にいえば，学生用システムにアクセスできなければ極端な情報不足に陥りかねません．学内システムにアクセスできる手段は必須だといえるでしょう．最近は，学生用システムの掲示板はスマートホンで閲覧できるところも多くなっています．

2　レポートもパソコンで作成する

　理系の学部には実験や実習がつきもので，翌週にはそのレポートを提出する場合がほとんどです．パソコンがなかった時代はレポートは必ず手書きでしたが，いまはパソコンでつくることが多くなりました（ただし，実験のレポートは手書きと指定されることもあります）．また，作成したレポートをメールで提出する授業もあります．

3　学年が上がるとパソコンの必要性は増す

　下級生のうちは，パソコンが必要なのは履修登録やレポート作成などの限られた場面だけです．しかし，学年が上がるとパソコンを使う機会が増えます．実験や実習が増えますし，プレゼンテーションのスライドをつくらなければならないことも出てくるでしょう．研究室に配属になれば，実験データの整理や論文執筆などにもパソコンを使います．

4　おすすめはノートパソコン

　パソコンを購入するならノートパソコンをおすすめします．もち運びができて，自宅でも大学でも自分のパソコンを使うことができるからです．ノートパソコンを選ぶときに考えたいのは，もち運びするのに苦にならない大きさ・重さなのかとい

おすすめはノートパソコン

うことです．生協などでは学生向けのおすすめノートパソコンを販売しています．また，クラスで共同購入することもあります．パソコンを購入するときは，必要なソフトウェアも含まれているか確認しましょう．

5 　スマホだけで済ませるのは無理

　スマートホンでもメールの送受信や，短い文章の入力はできますが，授業や実験のレポートをスマホで済ませようとするのは得策ではありません．レポートなどのきちんとした書類を作るには，パソコンのワープロソフトを使いましょう．またスマホでも電卓程度の簡単な計算はできますが，実験で測定したデータからグラフを作成したり，多量のデータの統計処理をするのも難しいです．

6 　マスターしたいアプリケーション

　パソコンでマスターしておきたいアプリケーションソフトが，主に三つあります．まずは，レポートなどの文書を作成するためのワープロソフトです．二つ目は，理系の実験や研究にとって必要不可欠な，データ処理をのための表計算ソフトです．三つ目はプレゼンテーション用のソフトです．学年が上がるとプレゼンテーションをする機会が増え，プレゼンテーション用ソフトを使ってスライドを作成することが多くなるでしょう．

第3章　理系学部ではパソコンが不可欠

3-2　電子メールを活用しよう

1　アカウントとパスワード

　大学のシステムにログインするためには，アカウントとパスワードが必要です．また，大学ドメインのメールを使うためにもこれらは必要です．アカウント，パスワードの両方ともが正しくないとシステムにログインできません．アカウントとパスワードはオリエンテーションなどで知らされますので，自分できちんと管理しましょう．

2　メールアカウントの管理

　アカウントとパスワードに加えて大学ドメインのメールアドレスも伝えられます．学生番号やアカウントの一部がメールアドレスに含まれることも少なくありません．レポート提出の際に，大学のメールアドレスで送信するよう求められることもありますので，使えるようにきちんと設定しておきましょう．

3　メールソフトの設定

　メールを送受信するためにはメールソフトの設定が必要です．メールソフトの設定には，メールアドレス，アカウント，パスワード，サーバの名称などが必要です．詳しくは，オリエンテーションや情報処理の実習で説明があるでしょう．自分のパソコンでメールを送受信する場合には，自分で設定しなければなりません．設定の内容をきちんとメモしておきましょう．

4　正しく送受信できるか確認しておこう

　設定を終えたら，自分宛にメールを送り，正しく届くかどうか確認してみましょう．またそのメールに返信し，それも正しく届くか確かめてください．メールソフト設定のときにメールアドレスを間違えて入力していると，メールの送受信はできても，相手からの返信が届きません．メールのヘッダに返信先として間違ったアドレスが入っているからです．また，メールを転送する設定にしているときは，転送先のアドレスを変えた場合に，転送設定を更新するのを忘れないようにしましょう．

スマホで休講を確認

5 メールを活用しよう

　多くの大学では，学生への連絡に電子メールを使っています．重要な連絡を見逃さないようこまめにメールを確認しましょう．ただしパソコンでは，送られてきたメールを見るのが遅くなり「休講の通知のメールを見たのは家に帰ったあと」なんてことになりがちです．そのため多くの大学では，学生がメールシステムを設定すれば，大学のアドレスに送られたメールをスマートホンなどに転送できるようにしています．便利なシステムは使いこなしたいものですね．

6 その他の注意事項

　一つのアドレスのメールを複数のパソコンや端末で受信する場合，受信したメールを「削除せずに残す」設定にすることがあります．しかしこの場合，放っておくとメールサーバの容量がいっぱいになってしまいます．そうすると，それ以上メールを受信することができません．メールサーバにメールを残す設定をしている場合は，サーバの管理をこまめに行いましょう．

第3章　理系学部ではパソコンが不可欠

3-3　メールのルールを知ろう

1　先生へのメールは友人へのメールとは違う

学生から送られてくるメールには，ルールから外れているものがしばしばあります．基本的なルールが守られていないと先生に迷惑をかけるだけでなく，自分にとっても不利益になります．先生など目上の人に出すメールは，スマホで友だちとやりとりするメールとは違い，守るべきルールやマナーがあります．以下に，最低限これだけは知っておくほうがよいルールを記します．

2　送信先の確認

まず，送信先のアドレスが間違っていては話になりません．アドレスが1文字でも間違っていると送信エラーになりますので，きちんと確認しましょう．もう一つよくあるミスは，同姓の別人にメールを送ってしまうというものです．大学にはたくさんの先生がいますので，同姓の先生が複数いる場合も多いです．目的の先生とは別の人に送っていませんか．フルネームで確認しましょう．

3　件名は必ず記す

件名（タイトル，サブジェクト）が記されていないと，本文を読むまで何に関するメールかわかりません．最悪の場合，無視されてゴミ箱行きなんてことになりかねません．件名には名前などではなく，要件を記します．また，メールでレポートを提出する際などは件名の書き方を指定される（たとえば学生番号を件名に記すなど）ことがあるので，きちんと守りましょう．

4　本文の基本的構成

メール本文の最初には，相手の所属，名前を記します．1行空けて，自分が誰なのか，所属（学部や学年）と名前を記します．次に，何の用件でメールを送っているのかをまず明記します．本文はわかりやすく簡潔に書くことを心がけましょう．最後に自分の名前，所属，連絡先（メールアドレスなど）を署名として入れます．目上の人へのメールに，絵文字などを使ってはいけません．

よいメールの例

5 ファイルを添付する場合の確認

メールでレポートを提出する場合には，作成したレポートをメールに添付して送ります．このとき，ファイルを添付し忘れてしまうことがよくあります．送信する前に，ファイルが添付されているか確認しましょう．筆者のところには，レポートの添付されていないレポート提出メールが送られてくることがたびたびあります．

6 ウイルスメール，フィッシングメールには要注意

ウイルスメールやフィッシングメールには注意が必要です．ウイルスメールの多くは，添付ファイルを開かせることによってウイルスを感染させます．フィッシングメールとは，偽のウェブサイトに誘導して重要な情報を盗もうとするメールです．知らない他人からメールが届いたときには，添付されているファイルを開かない，記されているリンクをクリックしない，という基本を徹底しましょう．

第3章 理系学部ではパソコンが不可欠

3-4　学生用システムを使いこなす

1　学生用システムにログイン

　アカウントとパスワードが配布されたら，学生用システムにログインしてみましょう．トップページには，大学からのお知らせや休講情報などが表示されているでしょう．またメニューには，大学からのお知らせや休講情報を転送する設定があるのではないでしょうか．他にもキャンパスカレンダー（学年歴），各種証明書などの発行手続きなど，大学生活に必要な情報にアクセスできます．

2　スマホからもログインしてみよう

　学生用システムは，パソコンからだけでなく，スマートホン（スマホ）やタブレット端末からもログインできるようになっている場合がほとんどです．スマホ用のサイトが用意されていることも多いので，実際にログインして確認してみましょう．パソコンが使える環境でなくてもタイムリーに情報を得ることができて，とても便利ですね．

3　ウェブ学習システム

　ウェブ学習システムを導入する大学も増えてきました．ウェブ学習システムとは，インターネット経由で講義映像（動画）を視聴したり，講義資料を閲覧することができるシステムです．自分のペースで必要に応じて何度でも見直すことができるため，授業中に生じた疑問を解消し，理解を深めることができます．今後，講義とウェブの連携はますます進んでいくでしょう．

4　語学教材の提供

　ウェブ学習システムの一つとして，外国語を習得するための教材を提供している大学もあります．単に教材がおいてあるだけでなく，最初に自己診断テストを受け，その成績に応じてレッスンを選択していくというものまであります．さらには，受講者のレベルに合わせて文法，リスニング，リーディングなどを組み合わせたカリキュラムを提供してくれるシステムもあります．

学生用システムの例

5 ソフトウェアのライセンス供与

　大学によっては，学生と教職員に対して，よく使うソフトウェアを無償で提供しているところがあります．OS，ワープロ，表計算などのソフトウェアをダウンロードして，自分のパソコンにインストールして使うことが許可されているのです．早まって自分で買ってしまったりしないように，ライセンス供与が行われているか確認しておくといいでしょう．

6 シラバス，履修登録，時間割

　第4章でも説明しますが，大学では授業ごとの内容をシラバスとして公開しています．そして，授業を受けるには履修登録の手続きが必要です．これらシラバスの閲覧，履修登録はいずれも学生用システムで行うのが主流です．履修登録をすると自分の時間割がシステム上で確認できるようなシステムもあります．また，自分が履修している授業の資料をダウンロードすることもできます．このように，学生用システムと講義は密接に結びついています．

第3章　理系学部ではパソコンが不可欠

3–5　パソコンやシステムを利用するうえで気をつけること

1　パスワードの管理

　学生用システムやメールを利用するうえで気をつけておきたいことの一つは，パスワードの管理です．パスワードは自分だけのもので，他の誰にも知られてはいけないものであり，設定や管理には十分な配慮が必要です．オリエンテーションで配布された初期パスワードは，すぐに変更しましょう．

2　こんなパスワードは避けよう

　パスワードを設定するうえで，次のようなものは避けましょう．

・自分や家族の名前，生年月日，電話番号，バイクや車のナンバーなど．
・同じ文字の繰り返しや，わかりやすい並びの文字列（aaaa，12345など）．
・一般的な英単語や著名人の名前（baseball，einsteinなど）．

いずれも類推しやすいためにパスワードとして脆弱です．

3　パスワードが漏れてしまうと

　悪意のある第三者にパスワードを知られてしまうと，なりすましや重要な情報を盗まれるなどの被害を受けるおそれがあります．なりすましとは，あなたのメールアドレスでいたずらメールが送信されたり，掲示板に書き込みをされたりすることです．また，クレジットカードやネットバンキングなどの情報が盗まれる被害は社会問題にもなっています．

4　基本的なセキュリティ対策が重要

　基本的なセキュリティ対策をきちんと心がけましょう．セキュリティソフトは必ずインストールし，OSのアップデートも欠かさず行ってください．近年は，大学のウェブサイトに，学生や教職員向けに情報セキュリティ対策の基本が示されるようになりました．必ず目を通し，実践していきましょう．

セキュリティ対策は基本事項

5　OSのアップデートと設定

　セキュリティ対策の基本は，OSを常に最新の状態にアップデートしておくことです．通常はウェブサイトからダウンロードしてアップデートを行います．OSにファイアウォール機能がある場合は，有効にしておきましょう（無効にしない）．インストールしたソフトウェアが勝手に外部と通信することを防ぎます．

6　ウイルス対策は必要不可欠

　パソコンにはセキュリティソフトをインストールしましょう．大学によっては学生や教職員にセキュリティソフトを無償で提供しているところもあります．セキュリティソフトも，OS同様に最新バージョンにアップデートしておくことが必要です．先にも書きましたが，ウイルスメールやフィッシングメールに注意しましょう．知らない他人からのメールに添付されているファイルを開かない，リンクをクリックしない，が基本です．

第3章　理系学部ではパソコンが不可欠

3-6　SNSで気をつけておきたいこと

1　SNSは便利だけど

　SNSは友だちと連絡を取り合ったり，友だちの輪を広げるのに便利なツールです．しかし，不用意な使い方をすると思わぬ不利益や被害を受けることもあります．個人情報や著作権に気を配り，むやみに情報を出さないように心がけましょう．次のようなことに気をつけましょう．

2　個人情報の取扱いに注意

　SNSで公開する個人情報には十分注意しましょう．名前，住所，電話番号，所属などを載せると，すぐに情報が拡散してしまいます．そして，いったん広がってしまった情報は本人の意思では消すことができなくなり，それが原因で被害を受けることもあります．むやみに個人情報を公開しないことが大切です．

3　写真の取扱いにも注意が必要

　最近は，自分が撮影した写真を気軽に公開できるサービスが増えてきました．了承が得られている場合は問題になりませんが，他人を撮影した写真を無断で公開すると，肖像権の侵害になります．いくら仲がよい友だちでも，ひと言断ってから公開しましょう．また，自宅や自宅周辺の写真を掲載したことで，名前や住所が特定されたというケースもあります．写真データのプロパティに位置情報が含まれる場合もあります．安易な公開には注意してください．

4　著作権に関する配慮

　SNSなどで情報を発信する場合は，著作権への配慮が必要です．他の人が作成した写真，イラスト，文章，音楽（データも含む）などは作成した人の著作物であり，著作権法によって保護されています．他者の著作物を本人の承諾を得ずに無断で掲載すると，著作権法の侵害になります．新聞や雑誌の記事にも著作権があります．これらを自分のSNSに掲載するときは，引用のルールや範囲を守らなければなりません．

個人情報には気をつけよう

5　発言内容には気をつけて

　SNSでは，発言内容が問題となるケースがあります．たとえばアルバイトで知った職務上の秘密をSNSで発信してしまうと，情報漏洩になります．また，誰かの悪口をSNSやインターネットの掲示板などに掲載してしまうと，誹謗中傷になります．不用意に行った発言が問題になり，調査によって本人が特定されて停学になったというケースもあります．

6　善意のつもりがデマの拡散に

　「知人の家族が白血病で骨髄移植が必要なためドナーを求めているので，できるだけ多くの人にメールを送ってほしい」，「爆発事故で有害物質が飛散しているので雨にぬれないようにしたほうがよい．SNSで拡散してほしい」などの情報には要注意です．デマやいたずらの場合があるためです．善意のつもりでメールを転送したりSNSに投稿すると，デマの拡散に一役かってしまったことになります．真偽のほどをよく確かめましょう．

理系の仕事

「品質管理の仕事」

　品質管理は，工場で生産される製品の品質を管理する仕事です．日本のメーカーの製品は高品質であることが知られていますが，それは品質管理がきちんと機能しているためなのです．

　品質管理というと，不良品を見つけ出して外に出さないようにするというイメージが強いかもしれません．たしかにそういう検査も行いますが，それよりも大事なのは「不良品をつくらないようにする」品質管理なのです．製造工程で不良品が発生するリスクを予見して工程の改善を生産技術部門に指示したり，設計の見直しについて設計部門と協議したりします．したがって，製品の設計から製造工程全般に渡る幅広い知識が必要です．製品に不具合が発生すると，製造現場に出向いて改善策を検討することもあります．論理的に問題を分析し，効果的な解決策を立案することが求められます．分析，測定などの技術に加えて，品質管理の技法や統計学の基礎をしっかり身につけておくことも大切です．品質管理は，製品や会社の信頼を守るために非常に重要な仕事なのです．

第4章

大学の授業に慣れよう

　大学の授業はいろいろな意味で高校までの授業と違います．たとえば，高校では同じクラスのメンバーで同じ教室で授業を受けますが，大学では授業ごとに教室が変わり，受講生も変わります．高校でも卒業に必要な単位は決まっていますが，あまりそれを意識したことはないでしょう．大学では必修科目と選択科目のそれぞれ卒業に必要な単位数が定められており，それを理解したうえで履修登録をしないと「単位不足で卒業できない」ことになりかねません．さらに，理系学部につきものなのが実験・実習です．どのように取り組むべきか知っておきましょう．最後に，試験の準備についても説明します．

第4章 大学の授業に慣れよう

4-1 授業にのぞむ基本姿勢

1 高校と大学の違い
　高校では，自分の教室が決まっていて，席も決まっています．同じクラスのメンバーで同じ教室で授業を受けるのが基本なので，環境の変化が少ないですね．大学では授業ごとに教室を移動し，大半の授業では席も自由に選べます．人数も大講義室での数百人の授業から，数人のセミナー形式まで幅広いのが特徴です．大学では学生の自主性を重んじるため，たとえ欠席しても先生から叱られるようなことは，ほとんどありません．

2 授業時間が長くなる
　高校までの授業時間は，45〜50分が一般的だったでしょう．大学ではこれが90分になるため，1回の授業で学ぶ内容が多くなります．90分間集中するのはたいへんなので，最近は90分の授業時間を分割して，前半を講義，後半を演習にするなどの仕組みを導入する大学も出てきました．

3 工夫された授業
　また近年は，ずっと講義を聞くだけでなく，ペアワークやグループワークなどの授業方法を取り入れたりするなど，工夫された授業が増えてきました．こういう参加型の授業をアクティブ・ラーニングと呼ぶこともあります．学生は座って先生の説明を聞くだけという講義は減っています．

4 授業にのぞむ姿勢が重要
　理系学部で学ぶ内容は専門的であり，量も多いです．したがって，なんとなく聞いているだけでは理解できません．そこでおすすめしたいのが，なるべく前の席で適度な緊張感を保ちながら授業を受けることです．前の席に座っている学生は，成績がよい傾向にあります．また，授業に不要なものはしまっておきましょう．スマートホンなどに気をとられているようではいけません．しっかり集中して授業にのぞみたいものです．

なるべく前に座ろう

5　きちんとノートをとる

　授業では，重要なことはノートを取りましょう．聞いているだけでは理解は進みません．最近はプレゼンテーション用ソフトを使って講義をする先生が増え，それをプリントアウトしたものを講義資料として配付されることがありますが，それを手に入れて安心してはいけません．自分で書くことが大切です．また話を聞きながら適切にメモをとるのは，社会に出てからも必要なスキルです．

6　参加する姿勢が大切

　理系学部では，単に知識を習得するだけでなく，実践的な力を身につけることを目的とした授業も少なくありません．問題を解く演習，理論として学んだことを実際にやってみる実験・実習，少人数でディスカッションしながら学ぶセミナーなどがこれに該当します．そのような授業では，主体的に参加する姿勢が求められます．積極的に取り組むことにより，知識だけでなくチームで活動するために必要な能力も身につきます．役割を担う，発言する，質問するなどの行動を心がけましょう．

第4章 大学の授業に慣れよう

4-2 講義体系を理解しよう

1 単位

大学では授業ごとに単位（数）が定められていて，講義・演習と実験・実習・実技では基準が異なります．一般的には，90分の授業を15回で，講義・演習なら2単位，実験・実習・実技なら1単位です．講義は教養科目や専門科目などに分かれており，それぞれのカテゴリーで一定以上の単位を取得しないと卒業できません．詳細は入学後のオリエンテーションで説明されますし，学生便覧などにも示されています．

2 必修科目と選択科目

授業には必修科目と選択科目があります．必修科目は，卒業するために必ず単位をとらなければならない科目です．いくら多くの単位を修得していても，必修科目が一つでも不合格だと卒業できないので要注意です．選択科目は，いくつかある授業の中から自由に履修し，定められた単位数を修得すればよい科目です．学部や学科によっては，進級に必要な単位数（たとえば3年生になるのに必要な単位数）を定めているところもあります．

3 教養科目

理系学部であっても，理系のことだけを学べばよいわけではありません．専門的な技術や知識も大事ですが，教養を身につけることも重要です．大学で教養科目を学ぶ意義は，多様な分野についての学術的な知識を得ることだけではありません．社会で必要となる幅の広いものの見方，考え方を身につけることにもあります．知的好奇心が刺激されるような教養科目がたくさんあるとよいですね．

4 専門基礎

1，2年生では，主に専門分野を学ぶための基礎になる科目を学びます．数学，物理，化学，生物などの理系科目うち，それぞれの分野に必要な科目をとります．中でも数学は理系のすべての分野における基礎であり，きわめて重要な科目といえるでしょう．

5　成績の決まり方

　授業を履修し，期末に試験を受けたりレポートを提出したりすると成績が決まります．大半の大学では，成績評価は100点満点で90点以上がA+（あるいはS，秀），80点以上90点未満がA（優），70点以上80点未満がB（良），60点以上70点未満がC（可）で，ここまでは単位の取得が認められます．60点未満はD（不可）で不合格となり，単位は取得できません．

6　成績の指標GPA

　ある個人の全体的な成績の指標としてGPA（Grade Average Point）を導入している大学があります．A+を4点，Aを3点，Bを2点，Cを1点，Dを0点として，履修したすべての科目について平均をとった値です．A+やAばかりの優秀な成績であればGPAは3点以上になり，BやCばかりで，とりあえず合格という状態だと1点台になります．GPAは成績優秀者の表彰に関する指標や，履修指導に用いられることがあります．

コラム

プレースメントテストと補習

　入学時に数学，英語，理系の基礎科目などのプレースメントテストを実施する大学が増えてきました．プレースメントテストとは，学力によるクラス分けのための試験です．高校レベルの知識を問う試験で，たとえば数学なら数列や極限を理解しているか，物理なら力学の基礎がわかっているかなどを確認します．このプレースメントテストの結果によって，自分の学力に応じた授業を受けることができるため，簡単すぎたり難しすぎたりすることがなく，高校から大学へのレベルにスムーズに移行できます．

　プレースメントテストの結果によっては，補習を受けることを推奨される（あるいは義務づけられる）ことがあります．そのような場合は基礎的な学力が身についていないということなので，必ず補習を受けましょう．また，大学院生のTA（ティーチングアシスタント）が質問や疑問に対応してくれるような，個別のサポート体制をもつ大学もあります．

第4章 大学の授業に慣れよう

4-3 授業の仕組みと制度

1 セメスター制とクォーター制

多くの大学では，セメスター制での授業が実施されています．セメスター制は1年を前期と後期に分けて，週に1回ずつ，計15回の授業を行うのが一般的です．一方，クォーター制は，1年を四つのクォーターに分けて15回の授業を実施しますので，週に2回の授業があります．アメリカの大学では，従来からセメスター制とクォーター制が併用されていましたが，日本でも近年になってクォーター制を導入する大学が出てきました．

2 クォーター制のメリット

クォーター制では，授業を履修する期間の自由度が大きくなるため，留年や休学をせずに留学したり，長期インターンシップへの参加が可能になるというメリットがあります．また，理工系では基礎から段階的に学ぶ積み上げ型の学習が基本となるため，いろいろな科目を並行して学ぶよりも，少ない科目を短期間で学ぶクォーター制が適していると考えられます．そして短期集中で学ぶため，授業内容が定着しやすく，高い学習効果が期待できるという面もあります．そのような理由から，近年，特に理系の大学でクォーター制を導入する動きが加速しています．

3 クォーター制で注意すること

一方，クォーター制では授業が進むスピードが早いため，予習，復習をする時間を確保して集中して学ぶ意識をもたないと，授業についていけなくなります．クォーター制の実施方法には，週に2日1コマ（15回講義の1回分（以下同じ））ずつの授業をする方法と，週に1回2コマ連続で授業をする方法があります．2コマ続きの場合は，1日休んでしまうとかなり授業が進んでしまうため，フォローするのがたいへんです．また，授業の翌日が試験ということもあります．当然のことですが，クォーターの終わりには定期試験が行われるので，年に4回の試験期間があります．

4　集中講義

大学の授業には集中講義という形式があります．夏休みや冬休み，あるいは土曜日や日曜日など，休日に集中して授業を行うというものです．1日4コマの授業を4日間受ければ2単位になります．休みの期間中に単位を取得できるので効率的だといえます．他大学の先生や学外の専門家を講師に迎えて，ふだんは聞くことのできない話を聞けるのも集中講義のメリットです．

コラム

集中講義で学びたい科目

集中講義で学ぶ科目としてお勧めしたいのが，専門分野の枠を超えて理系の基本を身につける種類のものです．たとえば，以下のような科目があります．

まずは「科学者（技術者）倫理」です．データのねつ造や論文の剽窃などの研究不正は，昔も今も後を絶ちません．不正をした張本人だけでなく，組織にとっても大きなイメージダウンになります．科学者倫理をしっかり理解して，不正を起こす気持ちを消し去りましょう．

次に，特許・実用新案や意匠権などの「知的財産権」についての知識も，理系研究者にとって不可欠です．特に最近は，以前にも増して知的財産の重要度が高まってきています．

そして，理系の人材も経営的な視点を求められるようになった近年では，「技術経営」の知識も重要になってきています．それに加えて，理系向けの「マネジメント」や「リーダーシップ」，そして，「クリティカル・シンキング」などの集中講義が開講されるようになってきました．理系であっても組織運営の能力が求められる時代であるといえるでしょう．

また最先端の分野だけに目を向けるのではなく，科学技術がこれまでどのように発展してきたのか，その歴史や経緯はひと通り知っておきたいものです．これを学ぶのが「科学（技術）史」です．歴史的背景がわかると，最新の技術がなぜそうなっているのか，理解しやすくなります．

このような科目は「理系としての教養」ともいえるもので，専門分野で学んだ知識や技術を活かすために必要な知識です．ぜひいろいろな分野の講義を聞き，理解を深めたいものです．

第4章 大学の授業に慣れよう

4-4　シラバスって何だ

1　シラバスとは

　大学では授業ごとにシラバスが公開されています．シラバスとは，授業を担当する先生が，その授業の目的，到達目標，授業計画，成績の評価方法，テキストや参考文献などを記載したもので，学生用システム上で閲覧できます．最近は，一般の人にもシラバスが公開されている場合が多いです．教養科目のようにたくさんの講義がある場合には，科目の選択にシラバスが役に立つでしょう．シラバスを読んで，自分が学びたい内容かどうかを検討してください．キーワードを入力して授業を検索できるところもあります．

2　シラバスを読もう

　シラバスの概要に目を通すことで，どのような授業なのかがわかります．たとえば英語を例にとると，「英文法の基礎を学ぶための授業であり，文法のテキストと問題集を用いる」，「リスニングの力をつけるための授業であり，テキスト以外に英語のニュース映像なども教材として用いる」などの情報が記載されています．また「予習を前提として授業を行う」など，授業の進め方も記されているので，きちんと読んでおきましょう．

3　目的，到達目標，授業計画

　授業の目的，到達目標にも目を通しておくと，自分が修得すべきことを意識して授業にのぞむことができるでしょう．授業の計画が事前にわかるので，予習するうえでも役に立ちます．シラバスを読んでいないと，目標が不明確なまま先生の話を聞くことになります．シラバスを読まずに授業に出るのは，地図なしで目的地を目指すようなものです．授業計画を見ておけば，中間試験を実施するのか，期末試験だけなのかもわかります．

4　教科書，参考書，履修条件など

　シラバスには，教科書や参考書が示されています．教科書は，授業が始まるまで

シラバスの例

に準備しておきたいので，必ず確認しておきましょう．また，履修の条件を確認しておきましょう．たとえば教養科目の数学には，「理系の学生は受講しないように」などの条件が示されていることがあります．また専門基礎の授業では，プレースメントテストや補習が義務づけられていることがあります．

5　成績評価の方法

シラバスには他にも重要な情報が含まれています．成績評価の方法も記載されており，筆記試験が実施されるのか，それともレポート課題で評価されるのかなどが記されています．また，毎回小テストを実施し，それも成績評価に含まれると記されていることもあります（専門科目に多いです）．

6　先生の連絡先，研究室，オフィスアワー

シラバスには担当する先生の連絡先として，メールアドレスや電話番号が記載されています．また，先生の研究室も示されています．オフィスアワーは先生が必ず部屋にいる時間です．先生を訪問する必要がある場合は，ムダ足を踏まないために，オフィスアワーを確認しておきましょう．

第4章　大学の授業に慣れよう

4−5　とても大切な履修登録

1　履修登録とは

　履修登録とは，自分が受講したい科目を申請する手続きのことです．大学の授業は，履修登録をしなければ受講したことになりません．毎回出席して試験で合格点をとっても，履修登録していなければ水の泡です．学部や学科によっては，各学期や年間に履修登録できる単位数に上限が設けられていることもあります．

2　履修登録の仕方

　履修登録は学生用システムで行うのが一般的です．オリエンテーションで詳しく登録の方法が説明されるのできちんと聞いておきましょう．必修科目はすべて登録したか，それぞれの科目群から必要な単位数の講義を選択したか，同じ時間に二つの講義をとっていないかなど，いろいろ考えなければなりません．間違いのないように登録しましょう．履修登録した人数が教室の定員を超えてしまったときなどに抽選を行う場合があります．抽選にもれた場合は，改めて別の科目を登録できます．また多くの大学では，いったん履修登録していても，初回の授業に出席して内容が自分の期待したものと違った場合に履修を取り消すことができます．

3　履修登録の期間は厳守

　履修登録，およびその確認・修正のための期間は決まっています．定められた期間内に，自分が受講する科目の履修登録を済ませましょう．その期間を過ぎてしまうと，一切登録できなくなるので，期間を厳守してください．問題があるときは，早めに事務室に出向いて相談しましょう．

4　必ず確認をしよう

　登録内容は必ず確認しましょう．学生用システムに自分の時間割を表示したり，それを印刷したりできますので，時間割のかたちで見ておくことも大事です．履修登録が完了したらチューターの先生に時間割を見せて確認のサインをもらって事務室に提出するというルールの大学もあります．

5　選択科目の選び方

　理系は必修科目が多いうえに，予習や復習なども必要なため，選択科目は自分の興味というよりも，楽に単位がとれる科目を選ぶことになりがちです．しかし，せっかく授業を受けるのであれば，将来役に立つ科目を選んでみてはどうでしょうか．理系であってもコミュニケーション力は必要不可欠なので，プレゼンテーションや日本語のライティング（小論文）などの科目はおすすめです．また企業の採用担当者からは，大学時代に教養を身につけておいてほしいという声を聞くことが少なくありません．哲学や歴史など，専門とは離れている科目の履修も検討してみましょう．

実際にあったこんな話

履修登録のミスが…

　大学では履修登録しないと授業に出席して試験で合格点をとっても単位が取得できないことを説明しました．履修登録についてはオリエンテーションなどで詳しく説明され，学生便覧にも記載されています．にもかかわらず，しばしば履修登録をミスする学生がいます．

　A君は履修登録のミスにより，予定していたよりかなり少ない授業しか受けられなくなりました．B君は履修登録期間を勘違いしていて，気づいたときには期間が過ぎていました．そして，1科目も登録できなかったため，受講できなくなってしまいました．4年生のC君は，履修登録をミスして再履修しなければならない必修科目が受講できなくなったため，卒業が半年遅れることになり，内定していた企業に就職できなくなってしまいました．

　いずれも実際にあったケースであり，非常に重大な事態を招くことになってしまいした．大学では，学生は一人前の大人として尊重されますが，その裏返しとしてこのようなミスをしても自己責任ということになります．

　理系学部では実験・実習があるため，時間割の自由度が大きくありません．履修登録をミスして必修科目の単位が修得できなかったので翌年講義を受けようと思ったら，実験と時間割が重なっており再履修できず，さらに先送りせざるをえなくなったという例もあります．

　必ず期間内に履修登録をして，しっかり確認しましょう．

第4章　大学の授業に慣れよう

4-6　予習のすすめ

1　教科書の違い
　高校の授業で使われる教科書は，検定教科書であり内容もほぼ決められていて，わかりやすく書かれています．一方，大学の専門科目で使う教科書は学術的な専門書である場合も多く，検定もなく，それほど親切には書かれていません．したがって，大学の授業は高校と比べると難易度が一気に上がったように感じるかもしれません．

2　予習のすすめ
　理系学部に入学したみなさんにおすすめしたいのが，予習をしてから授業にのぞむということです．予習しておくと，授業の理解度が飛躍的に上がるのを感じることができると思います．授業中にしっかり理解できていると，期末試験前にあせる必要もなくなり，好循環が生まれます．高校までは宿題を含む復習が重要視されていたでしょうが，大学ではむしろ予習に時間をかけることが有効です．

3　科目によって異なる予習
　ひと口に予習といっても，授業によって求められる内容が異なります．英語の読解や作文などは，予習で事前に和訳したり英訳しておかないと授業に出る意味がないので，ある程度の時間が必要でしょう．実験では，事前に実験原理や実験方法を整理して記しておくことが求められます．実験が始まってから，慌てて手順や器具を確認しているようでは遅いのです．

4　予習の方法
　基礎科目や専門科目などの座学の講義では，まず前回の授業で学んだことと，次回は何をするのかシラバスで確認しましょう．そして，教科書の該当する部分に目を通しておきましょう．教科書を一度読んだだけでは理解できないと思いますが，それで構わないのです．講義で何が説明されるのか，どんな専門用語が出てくるのか，前もって知っているだけでも理解度がまったく違ってきます．

予習が大切

5　復習をやっておくと万全

　先に「復習よりも予習を」と書きましたが，復習をしなくてよいわけではありません．講義があった日に復習しておけば万全です．講義のノートを自分でわかるようにまとめ直す，数式の計算を自分でやってみる，講義のノートを読んでわからないところの教科書を読み直すことなどをやってみましょう．このような復習をすることによって，講義内容が整理されて記憶にしっかり残ります．ここまでやっておけば自信満々で試験にのぞめるでしょう．予習，復習に授業の空き時間を使うのもおすすめです．

第4章　大学の授業に慣れよう

4-7　理系に必須の実験・実習

1　授業としての実験
　研究で取り組む実験は先行研究の確認や仮説を実証するためのものですが，授業として行う実験は講義で学んだ理論の確認や基礎的な実験技術の修得が目的です．実験は時間がかかることも多いため，延長できるように午後に配置されている場合がほとんどです．実験中は結果を記録し，後日にそのレポートの提出が求められます．実験科目では基本的に遅刻・欠席は認められず，1回でも休むと不合格になります．

2　実験のオリエンテーション
　実験のオリエンテーションが実施されることもあります．実験は2人以上のグループで行うのが一般的なので，グループ分けが示され，基本的な注意事項，予習方法，実験ノートやレポートの書き方について説明があります．大学院生のTA（ティーチング・アシスタント）も紹介されるでしょう．TAは実験の補助として立ち会い，実験が安全かつ順調に進んでいるか確認し，必要に応じて助言もします．

3　実験では予習が不可欠
　実験で重要なのは当日までに予習しておくことです．実験の目的，原理，実験方法などを確認して実験ノートに記しておきます．どのようなデータをとるのか確認し，装置や機器の操作方法にも目を通しておき，実験の手順を頭に入れておきましょう．全体を理解していない状態で実験すると，失敗する可能性が大きくなります．実験ノートに，目的，原理，実験方法を記しておき，先生の確認をもらわないと実験に参加できない授業もあります．

4　基礎実験
　理系では，1年生のときに各分野の基礎となる物理学，化学，生物学などの実験に取り組むことが多いようです．基礎となる理論を実験で確認するのが目的ですが，基本となる実験技術を修得したり，レポートの書き方を学ぶという意味もあります．学年が上がるにつれ専門分野の実験が増え，やがては卒業研究の実験にも取り組むことになるので，基本をきちんと身につけておきたいものです．

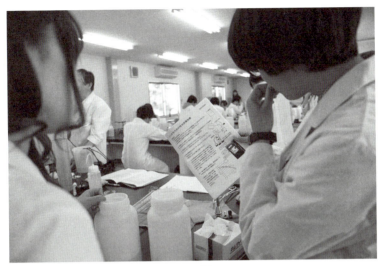

実習の様子

5 分野ごとに異なる実験

　物理，機械，電気・電子，情報・通信などの分野では，機器や装置を用いてデータの測定を行う実験が少なくありません．事前に実験の手順を理解して，手際よくやれば所定の時間内に終えられるでしょう．一方，化学系の実験では，薬品を用いて合成，分離，精製，分析などを行います．プロセスに時間がかかるものがあるため，実験時間が長くなることがあります．生物系では手技の習熟度が求められる実験があります．

6 実験はチームワーク

　実験は2人以上のグループで取り組むのが一般的なので，役割分担しながら協力することが大切です．たとえば物性の測定をするときは，一人が試料を準備し，一人が機器を操作して測定し，もう一人がデータを記録すれば要領よく進めることができます．複数の人が手順を確認しながら進めると，ミスを防ぎやすくなります．実験が終わったら，その場で結果やデータを確認・共有しておきましょう．

第4章　大学の授業に慣れよう

4–8　試験で慌てないために

1　大学の定期試験

　定期試験は，半年に一度，まとめて行われる大学が多いです．当然，非常に大切な時期ですので，体調もしっかり管理したいですね．高校までは，選択式や穴埋め式など，知識を問う問題が多かったでしょう．しかし大学では，知識の記憶よりも内容の理解を問う傾向があります．そのため論述式の試験が多く，教科書，ノート，電卓などをもち込み可能としている試験もあります．

2　中間試験もある

　理系の学部では中間試験を実施する授業が少なくありません．範囲を分割して勉強しやすくするためです．中間試験で失敗してしまうと期末試験でがんばっても不合格になるケースもありますので，しっかり対策しましょう．出席，小テスト，レポートに配点を設定している講義もたくさんあります．シラバスで確認しておきましょう．

3　最も有効な試験対策

　試験対策として最も大切なのは，試験直前の猛勉強ではありません．毎回の授業で内容をきちんと理解することです．だから，シラバスで目標を確認し，予習して授業にのぞむことが大切なのです．授業でわからないところがあれば，先生に質問するなどして，そのときに解決しましょう．日頃の積み重ねこそが最も有効な試験対策です．

4　重要なところに気づく

　授業を聞いていると，先生が特に強調しているところに気づくはずです．先生が繰り返し説明したところ，「重要です」といったところ，練習問題で計算を繰り返したところなどは理解してほしい重要なポイントであり，試験に出る可能性が高いといえます．ノートにマークするなどしておくとよいでしょう．また，小テストや課題レポートで出された問題も，同じようなものが試験に出やすいでしょう．

5　効率的な勉強方法

　授業のノートをもとに，重要なところを整理した復習ノートを作っておくと，効率的に試験勉強ができます．復習ノートは，たとえばキーワードを並べたような簡単なもので構いません．復習ノートがあれば，以前に授業で習ったことが簡単に見直せます．また，先輩から過去問を入手することができれば，それも参考にしましょう．ただし，試験の傾向が変わることもあるので，過去問のみに絞って勉強するのはリスクがあります．

6　友だちと勉強するのも一つの方法

　友だちと勉強するのも一つの方法です．自分が苦手としている科目を友だちに教えてもらって切り抜けたというケースは少なくありません．また，自分が勉強したことを友だちに説明すると理解が深まります．いきなり説明しようとするのではなく，どのような説明をするのか事前に考えることで知識が整理できます．教えてもらったり，教えたりしながら勉強することで，お互いに相乗効果があるでしょう．また，一人だとついついサボりがちですが，それを防ぐという効果もあります．

7　勉強つながりの友だちをつくろう

　理系では実験・実習をグループで取り組むことが多いので，そこで友だちができることがあります．レポートを書くときに，まとめ方や考察などを相談しながら進めると視野が広がります．ディスカッションしながら取り組めば，質の高い勉強になります．ぜひ，勉強つながりの友だちをつくりたいものです．

コラム

数学の概念をわかりやすく説明したおすすめ本

　理系の専門分野では数学を使って現象を記述することが多いため，数学は多くの分野でカギになります．受験勉強では問題を解くことに意識が向いていたと思いますが，大学では数学によって記述された現象を理解することが大切です．いい換えると，数学が実際の物理現象にどのように対応しているのか，その概念がわかると専門科目の内容も理解しやすくなります．

　そこでおすすめしたいのが，畑村洋太郎著，『直観でわかる数学』，岩波書店（2004）です．理系でよく用いられる三角関数，行列，指数・対数，虚数・複素数，微分・積分，微分方程式，確率の各分野について，概念をわかりやすく説明しています．数学の問題は解けるけれど，その意味しているところがピンとこない．そんな人には特におすすめです．

理系の仕事

「生産技術の仕事」

　生産技術は，製品をつくるために最適な製造工程をつくりあげていく仕事です．工場の設備を設計して，その運用，改善，修理などを行います．製造工程は自動化されている部分も多いため，制御技術についての理解も必要です．人が作業にかかわる場合は，作業のしやすさも検討しなければなりません．いったん設備を導入したあとも，製造現場の状況を確認し，現場での意見を聞いて，より効率よく生産できるように工程全体を改善していくのも生産技術の仕事です．

　製造現場の人と対話しながら進める仕事が多いため，技術力に加えてコミュニケーション力が必要です．　生産技術は，工場の設備や生産システムをつくりあげて製造現場全体を見渡せる仕事であり，物づくりの醍醐味を感じられる仕事といえるでしょう．

第 5 章

サポートの仕組み

　理系学部では数学をはじめとする基礎科目が重要な意味をもちます．これらの基礎科目のうち高校時代に履修していない科目がある場合，高校レベルを飛び越えていきなり大学レベルの授業についていくのはたいへんです．また，未履修ではないけれどあまり得意ではない科目があり，大学での授業を前に不安を感じている人もいるでしょう．このような学生のために，大学には基礎科目の学習をサポートする仕組みがあります．
　また，レポートやプレゼンテーションなどの課題，グループワークやディスカッションを取り入れた授業など，高校とは違った新しいものにどのように取り組めばいいのかとまどうことも出てきます．そのようなときにも，アドバイスや指導を受けることができるようになっています．この章では，実際にどのようなサポートが受けられるのかを説明していきます．

第5章　サポートの仕組み

5-1　勉強に困ったときは

1　学習支援センターとは

　近年，学習支援センターを設置する大学が増えてきました．センターの役割は，学生が勉強で困らないようにサポートすることです．入学前から補習授業や通信講座を提供したり，高校での未履修科目に関する相談を受けています．在学生には，基礎科目である英語，数学，物理などの補習授業を行ったり，授業でわからないところの質問・相談を受けたり，ノートの取り方やレポートの書き方などを教えています．

2　学習支援センターでの相談

　学習支援センターには先生や学習アドバイザーがいて，質問・相談を受けています．どの科目のどこがわからないかを具体的に質問し，どこまで理解できているかも整理して説明できれば，サポートする側としては教えやすいです．個人のレベルに合わせて，ていねいに基本からわかりやすく教えてくれるので，授業などで不安があるときは早めに利用するのがおすすめです．

3　学習支援センターの夏休み補習

　前期に英語，数学，物理など基礎科目の単位が修得できなかった人を対象に，夏休み中に補習を実施する大学があります．万が一，前期に基礎科目を落としてしまった場合，補習があれば必ず参加しましょう．受講しても単位にはなりませんが，再履修や関連科目を受講する際におおいに役立ちます．基礎科目の理解が不足していると後期の授業にも影響が出ます．苦手な分野は早めに克服しましょう．

4　学習支援センターのセミナー・ワークショップ

　学習支援センターでは，セミナーやワークショップを開催することもあります．ノートの取り方，授業の聞き方などが具体的に説明され，授業の理解促進に役立ちます．また，文章の書き方やレポートの作成方法などのセミナーを実施している大学もあります．学習支援センターの掲示板やウェブサイトを定期的に確認して，自分に必要なもの，関心のあるものにはどんどん参加しましょう．

5　他にもあるサポートの仕組み

　大学によっては，書くことにポイントを絞ってサポートするライティング・センターを設置しているところもあります．文章の書き方やレポートの書き方から始まり，アカデミック・ライティングといわれる論文の書き方まで指導してくれます．たんなる文章のチェックにとどまらず，全体の構想，草稿，完成稿まで，すべてのプロセスで指導や助言を得ることができます．英語論文の指導もしてくれるので，大学院生にとっても有用なサポートです．他には，英語学習をサポートする仕組みを提供する大学も増えています．

実際にあったこんな話

高校時代は文系だったけれど機械工学科に進学して自動車メーカーのエンジニアに

　わたしは高校時代は文系のクラスに所属していましたが，オープンキャンパスで機械工学科のロボットやマイクロマシンの研究室を見学して，強い関心をもちました．そのオープンキャンパスのときに，機械工学科の先生に「もの作りに非常に興味をもったのですが，文系なので進学は難しいでしょうか」と相談したところ，推薦入試という方法があることを教えてもらいました．また，高校での未履修科目については入学後に基礎から補習授業で学べることや，授業でわからないところは学習支援センターで教えてもらえばよいということも聞きました．高校の進路相談では「サポートのしっかりした大学だから，熱意があるのなら受験してみては」と勧められました．

　推薦入試でなんとか合格し，入学後には数学や物理の未履修者を対象とした補習を受けました．また材料力学や機械力学の授業では，わからないことがあると，先生に質問したり学習支援センターで教えてもらって，できるだけ早めに解決するようにしました．難しいといわれていた流体力学は，しっかり予習して授業にのぞんだところ，授業の中で十分に理解でき，試験の成績もよかったため自信がつきました．こうして基礎から段階的に学んでいくうちに，専門科目の内容もよく理解できるようになり，3年生では成績優秀者として表彰されるまでになりました．3年生の後期からはロボット工学研究室で卒業研究に取り組み，4年生になったときに，学科からの推薦で自動車メーカーへの就職が決まりました．

　高校までは文系だったわたしが，大学のサポートを活用することによって，自動車メーカーのエンジニアになることができたのです．

※後日談ですが，彼女の入社後の活躍により，その学科からその自動車メーカーへの推薦枠が増えたのだそうです．

第 5 章　サポートの仕組み

5-2　ラーニング・コモンズって？

1　ラーニング・コモンズとは

　従来は講義を受けて知識を学ぶ受身型の授業が多かったのですが，最近は，自主的な学習やグループによる学習を取り入れた問題解決型の授業が増えています．ラーニング・コモンズとは，学生が問題解決型の授業の課題に取り組むため，印刷物や電子情報も含めたさまざまな資料から得られる情報を用いてディスカッションしながら主体的に学ぶことを可能にする場や施設のことです．

2　ラーニング・コモンズの設備

　ラーニング・コモンズには，自由にグループ学習やディスカッションができるように机，椅子，パソコン，プロジェクター，電子黒板，スクリーンなどの設備が用意されています．もちろん，持参したパソコンをインターネットに接続することもできます．また，それらを使った学生の自学自習をサポートする学習支援アドバイザーもいます．大学院生の学習支援アドバイザーのいるところもあります．

3　ラーニング・コモンズでのサポート

　ラーニング・コモンズでは，学習支援アドバイザーによる助言やサポートを受けることもできます．学習支援アドバイザーは参加者が発言をしやすくする雰囲気を作り，グループ学習やディスカッションを活発にするような働きかけを行います．また，学習成果をプレゼンテーションする際の指導なども受けることができます．

4　ラーニング・コモンズで学べること

　ラーニング・コモンズでは，学習支援センターやライティング・センターと同様に，情報収集の方法，文献調査の方法，文章の書き方，レポートの書き方，プレゼンテーションの資料作成やプレゼンテーションの方法を学ぶこともできます．ラーニング・コモンズは，学生が主体的に学ぶことを目的として設置されているので，学習支援アドバイザーによる助言を受けながら，ワークショップ形式（体験型）で学ぶことができるのが特徴です．

ラーニング・コモンズでグループ学習

5 お勧めの利用方法

　ラーニング・コモンズのお勧めの活用法が，実習などグループでの活動が求められる授業の資料収集や相談の場所として使うことです．ラーニング・コモンズは図書館内に設置されていることが多く，資料を収集するのに適しています．また，集めた資料をもとに課題について相談する場所としても使いやすくできています．さらに，プレゼンテーションの機材や環境が整備されているため，発表の資料作成や練習をすることもできます．このように，グループで学習する際の勉強・相談の場として使うのがお勧めです．

6 ラーニング・コモンズで身につく力

　ラーニング・コモンズを使った学習では，グループワークやディスカッションをするので，話す力や聞く力が身につきます．また，他のメンバーを納得させるためには論理性も必要です．そして，自分たちの提案をまとめるという体験を通して，知識をアイデアに変えて現実化していくことを学びます．このようなプロセスを通して，社会に出てから必要となる力を身につけることができるのです．

第5章　サポートの仕組み

5-3　TAは頼りになる先輩

1　TAとは

　TA（ティーチングアシスタント）は，授業や実験・実習をサポートしてくれる大学院生です．TAもついこの前まで学部生だったので，学生にとってわかりにくいところ，つまずきやすいところをよく知っています．また年齢が近いため，学部生にとって話しやすく質問しやすい存在です．数学，物理，化学など理系の基礎科目や実験・実習の科目に配置されていて，問題演習や実験・実習のときに質問を受け，助言を行います．

2　TAは頼りになる先輩

　TAは頼りになる存在です．演習や実験・実習でわからないことがあれば，遠慮なく質問しましょう．ていねいに教えてくれることでしょう．時間のあるときに勉強の仕方などについて教えてもらうと，とても参考になると思います．実際，TAが授業や実習に参加すると理解度が向上するというアンケート結果が出ています．

3　質問の仕方

　TAに質問するときには，自分がどこまで理解できているのか，どこがわからないのか，自分はどう考えているのかを説明したいものです．そうすれば，なぜそうなるのか理解できるように教えてくれるでしょう．単に質問を解決するだけなら簡単なのですが，最終目的はその授業や実習で取り上げている内容を体系的に理解することです．したがって，答えを聞いて満足するのではなく，なぜそうなのかを考えることを意識しましょう．

4　礼儀正しさを忘れない

　TAに質問したり，教えてもらうときに忘れていけないのは，礼儀正しく接することです．年齢が近いのでついつい馴れ馴れしくしがちですが，「質問してもいいですか」，「教えていただけますか」など，ていねいな言葉づかいを心がけましょう．また，TAはクラス全員のサポートをしているので，自分だけ（自分たちのグループだけ）に時間をとらせてしまってはいけません．

頼りになるTA

> **コラム**
>
> ### 大学院に進学したらぜひTAをつとめよう
>
> 大学に入学したばかりではイメージしにくいかもしれませんが、自分が大学院生になったら、ぜひTAをやってみましょう。TAになると、担当する授業の内容を勉強し、どのような質問に対しても答えられるように準備をします。演習であれば実際に問題を解くし、実験・実習であれば自分でも実験を行うでしょう。このとき、たんに自分が問題を解けたり、実験の手順を知っているだけでなく、それをわかりやすく説明するためには、より深い理解が必要です。すると学部生時代に学んだよりもずっと高いレベルに達します。これはTAにとっても大きな進歩です。
>
> さらに、学部生が質問しやすいよう、話しやすいよう工夫するため、コミュニケーション力も向上するでしょう。TA制度は、授業の理解度をあげて授業の質を向上させるだけでなく、TAをつとめる大学院生の成長を促すことも目的の一つなのです。

実験・レポート

「実験するときには安全に注意」

実験を行う際は安全に十分配慮することが大切です．以下の点に注意しましょう．

① 安全かつ動きやすい服装で実験しましょう．化学系や生物系では白衣や保護眼鏡の着用が義務づけられており，必要に応じてゴム手袋を着用します．機械系や土木系では作業服やヘルメットの着用が必須で軍手が必要なことがあります．

② 皮膚は露出せず，長い髪の毛は束ねます（短パンやスカートはNG）．

③ 履物は機能的で動きやすいものにしましょう（サンダルやハイヒールはNG）．機械系や土木系の実験では安全靴が義務づけられることがあります．

④ 実験室では足下や通路を片づけ，通路を確保しておきましょう．

⑤ 実験終了後は，試用した機材，薬品，装置などをすみやかに片づけて退出します．

⑥ 取扱いに注意を要する廃液などは，処理手順をきちんと守りましょう．

⑦ 事故やケガなどの緊急事態に備えて，先生の電話番号，大学内の保健管理センターや病院の連絡先などを把握しておきましょう．

第 6 章

学業以外も大切：クラブやアルバイト

　この章では，クラブ・サークルとアルバイトについて紹介します．大学生の本業はもちろん勉学ですが，それ以外の活動によって大学生活が充実したものとなり，人間的に成長するきっかけが与えられることも少なくありません．
　クラブ・サークルに所属して，他のメンバーと協力しながら活動することによって協調的な姿勢が身についていきます．また，学年が上がって後輩を指導する立場になると，リーダーシップも発揮しなければなりません．理系ならではの「ものづくり」に関係するクラブ・サークルであれば，自分たちで企画・立案したものをつくりあげることにより，体験的に技術を学ぶことができます．
　アルバイトによってコミュニケーション力が高まったという学生は少なくありません．アルバイトは，仕事における責任や，自分で考え行動することを学ぶ機会にもなります．

第6章　学業以外も大切：クラブやアルバイト

6-1　大学生といえばクラブ・サークル

1　大学生活を満喫するならクラブやサークルにも参加しよう

　大学生になったらクラブやサークルに参加しようと思って楽しみにしている人もいるかもしれません．自分の興味・関心のある活動に思う存分打ち込めるのは，大学生に与えられた特権といってもよいでしょう．大学生活をより豊かなものにするために，ぜひクラブやサークルへの参加を検討してみましょう．

2　クラブ・サークルのすすめ

　クラブやサークルには，できるだけ参加しましょう．クラブやサークルの活動に参加すると，さまざまなメリットがあります．たとえば，学年や学部・学科の枠を超えた人間関係がその一つでしょう．またOB・OGと交流する機会があれば，違う世代の人とも関係をつくることができます．そして，クラブやサークルの中で役割を担うことで，社会に出てから必要となる能力を身につけることもできます．

3　クラブ・サークルの勧誘の様子

　入学式が終わってから5月上旬頃まで，クラブ・サークルの勧誘が盛んに行われます．入学式の会場でチラシを配るクラブもあれば，キャンパス内にブースを出して呼び込みをしているサークルもあるでしょう．また，新入生を対象とした見学会や体験会を実施する団体もあります．この時期の先輩は特に優しく，たびたび食事をごちそうしてくれたりします．しかしどこに入るかは，うわべのことだけで判断するのではなく，しっかり考えて決めてください．自分が興味をもって続けられるかどうかを判断の基準にすればよいでしょう．

4　クラブとサークルの違い

　厳密には，クラブは大学が公認する団体で，サークルは学生の自主運営の団体です．活動内容は，大まかにはクラブは「がっつり」，サークルは「あっさり」であるといえます．強豪のクラブでは，週のうち6日は練習で日曜日には試合もあり，合宿や朝練もあるというところも少なくありません．一方，サークルは健康のために緩やかに楽しむようなところも多いです．

クラブにするかサークルにするか

5　大会に参加しよう

　クラブの場合には大学を代表して大会に参加するのは当然のことですが，サークルでも大会などに参加することがあります．大会に参加するという目標があれば日々の活動に力が入り，より真剣に取り組めます．また，大会での交流を通して他大学に知り合いができることもあるでしょう．大会に参加することにより，人間関係や活動の幅を広げていくことができるのです．

6　理系は忙しいので不利？

　理系は文系に比べて忙しいので，たとえば団体スポーツのクラブやサークルでレギュラーになるには不利かもしれません．しかし，その不利を乗り越えて活躍している理系学生もたくさんいます．理系の強みである論理性や分析力を活かして，フォームを改善したり，戦略を見直したりして，レギュラーになり活躍したという事例もあります．不利だからといってすぐに諦めるのではなく，チャレンジしてみることも大切でしょう．

第6章　学業以外も大切：クラブやアルバイト

6-2　理系ならではのクラブやサークル

1　理系ならではのクラブやサークルもある

　理系ならではのクラブやサークルもあります．たとえばロボット，ソーラーカー，フォーミュラカー，人力飛行機などをつくるものづくり系の団体です．たいていの場合，その分野の大会に出場して好成績をあげることが目標です．このようなクラブやサークルでは，実際にものづくりに取り組むので，体験的に技術を学ぶことができます．自分たちが企画・設計したものをつくり上げてそれを動かそうとすると，さまざまな問題に直面します．それだけに実際に動いたときの達成感も大きくなります．

2　ものづくりのクラブ・サークルは就活に有利ってホント？

　ものづくりに関するクラブやサークルは就職活動のときに有利だといわれていますが，本当なのでしょうか．たしかに採用担当者からは，実際に何かをつくったり，それを動かした経験はあるほうがよいという話は聞きますが，「ないよりは，あるほうがよい」という程度のようです．それよりも重要なのは「ものづくりが好き」という熱意です．

3　自然観察

　理系に関するクラブ・サークルには，野外での観察があります．主なものには，バードウォッチング，海や川に生息している生物の観察，山の植物や昆虫の観察などがあります．また，天体観測や洞窟などを探検するサークルもあります．山や川や海に出かけるので，自然を満喫でき，アウトドア活動の楽しさが味わえます．

4　科学教室

　子どもたちを対象とした科学教室を開催しているクラブ・サークルもあります．実験，工作，プログラミングなどを通じて，子どもたちに科学の面白さを伝えるものです．自分たちが企画・立案した実験によって科学の面白さを伝える取り組みは，コミュニケーション力を高める効果もあります．

5　専門を生かした活動

　また，建築を学ぶ学生を中心にして，古民家を再生する町おこしのプロジェクトに取り組むサークルがあります．さらには農学を学ぶ学生による農業・酪農支援のボランティアもあります．こうした専門を生かした活動に取り組むことによって，自らの専門分野についての知見を深められるだけではなく，自分自身を成長させることができます．

実際にあったこんな話

フォーミュラカーのサークルに入って自信がついてきた

　この春，機械系の学科に入学しました．じつは高校時代は，友だちができずに引きこもってしまい，結局，中退してしまいました．しかし，将来はものづくりにかかわる仕事に就きたいと考えていたので，大学入学資格検定を経て，大学に進学しました．

　高校時代の体験があったため，「大学でも友だちができなかったらどうしよう」と心配していましたが，授業でグループが一緒になったのがきっかけですぐに友だちができました．友だちは車が好きでフォーミュラカーのサークルに入るのだといいます．その彼が熱心に誘ってくれるので，思い切ってサークルに入ることにしました．

　そのサークルでは，フレーム，駆動系，ブレーキ系，サスペンション，カウルなどをすべて自分たちで設計し，バイクのエンジンを搭載したフォーミュラカーを製作して大会に出場します．僕はブレーキ班で設計や製作を担当することになりました．自分に設計できるのかという不安もありましたが，顧問の先生や先輩たちに教えてもらいながら，パーツを設計し，それを工作機械でつくることができました．組み立てたフォーミュラカーが実際に走ったときはとても感動しました．そしてついには，富士スピードウェイで開催された学生フォーミュラ大会で，自分たちがつくった車を走らせることができました．大会が終わったときの達成感はこれまでにない大きなものでした．

　高校時代は自分に自信がもてず友だちもいませんでしたが，サークルの仲間と一つのことに打ち込むことにより，自信と友だちの両方を手に入れることができました．大学に進学して本当によかったと思っています．

　少し苦手意識のあった力学も，車づくりに必要だという思いから授業を集中して聞くと，以前に比べて理解が深まりました．そして，将来は車づくりにかかわる仕事に就きたいと考えるようにまでなりました．サークルに入ったことで，人生がよい方向へ大きく変わったことを実感しています．

第6章　学業以外も大切：クラブやアルバイト

6-3　アルバイトはお金のためだけじゃない

1　アルバイトを始めたい

　大学生になったらアルバイトを始めようと考えている人も多いでしょう．大学生になると何かとお金も必要になるため，それもアルバイトを始める動機になりえます．実際に，多くの大学生がアルバイトをしています（※）．収入を得るだけでなく，大学の中ではできない体験を通して社会で必要な能力を身につけることにもつながります．

※日本学生支援機構による学生生活調査のデータによると，7割以上の学生がアルバイトをしています．

2　アルバイトによって得られるもの

　アルバイトで得られるのはお金だけではありません．クラブやサークルと違って大学外の活動であるため，社会人としてのコミュニケーションのとり方を学ぶ機会になります．また，仕事として一定の責任を担うことによって，主体性を意識するようになり，社会の一員としての自覚が育ちます．そして，新人の指導やリーダーを任されることがあれば，リーダーシップも身につきます．

3　アルバイトを始めるにあたって

　アルバイトを始めるにあたって気をつけなければならないのは，学業に支障の出ないようにするということです．特に理系では，実験レポートの提出などもありますので，アルバイトを始めるときには，勉強に必要な時間を確保するという基本は守りましょう．また，試験期間中は休めるのかなどの確認も必要です．

4　アルバイトを探すときの注意

　アルバイトを探すときに注意しておきたいことがあります．拘束時間が長いもの，深夜に勤務するものは避けましょう．そのようなアルバイトは，学業に支障をきたす可能性が大です．また，危険を伴うものも避けましょう．危険で劣悪な環境での作業や，危険物の取扱いを含む仕事は学生にはお勧めできません．

5　労働条件をきちんと確認しよう

　アルバイトであっても労働契約ですので，求人の募集要項をきちんと読み，労働条件を確認しておくことが大切です．時給はもちろんのこと，交通費の支給，勤務時間，勤務場所，仕事の内容などをチェックしておきます．シフトは希望に添って入れるのか，試験期間中は休めるかなども必ず確認し，疑問を解消してから応募しましょう．

6　自分を守るために知っておきたいこと

　アルバイトであっても労働契約によって働く労働者なので，正社員と同様に労働基準法で守られています．労働契約を結ぶときは使用者が労働者に労働条件通知書を書面で交付することが定められています．求人の募集要項と労働契約が異なっていないか，確認しましょう．雇用する側が契約を守らない場合は，労働条件通知書や求人の募集要項が証拠になるので必ず保管してください．

実際にあったこんな話

アルバイトを辞めなくてよかった

　大学に入ってから洋菓子店でアルバイトを始めましたが，正直なところ職場の人間関係はあまりよくありませんでした．誰かがミスをするとお互いに責めてしまうようなところがあり，チームワークがよいとはいえませんでした．せっかく始めたアルバイトなのでできるだけ続けたいと思っていましたが，他に移ったほうが楽しいかなと考えることもありました．

　そんなときに大学で，コミュニケーション力を高める三つの「あ」，すなわち①あいさつ，②あいづち，③ありがとう，を教えてもらいました．「そんなにことで意味があるのかなあ」とも思いましたが，アルバイト先で実践してみました．これまでも何となくあいさつはしていましたが，もっとしっかり声を出して相手の名前を呼んでみました．そして，相手の話を聞くときには，あいづちやうなずきを意識しました．また，誰かに少しでも手伝ってもらったときには必ず「どうもありがとう」ということを心がけました．

　最初はわたしだけがやっていたので大きな変化はありませんでしたが，1カ月ほど経つと，他のスタッフからも「ありがとう」という言葉が出始めました．不思議なことに，その頃からミスが減ってきたのです．会話をする機会が増えたので，引継ぎなどがきちんとできるようになったためでしょう．最近は，お客さんから「この店はいつ来ても感じがいいね」という言葉もいただきました．アルバイトを辞めなくてよかったと思っています．

実験・レポート
「理系の実習にもいろいろ」

　理系学部には実験の他に実習もあります．専攻する分野によって実習の内容は大きく異なりますので，どのような実習があるか紹介しておきましょう．
　機械系には，工作機械を用いた実習があります．機械系，建築系をはじめとして，工学系の多くの学科では製図の実習があります．近年ではCADによる製図が主流になってきたので，CADを用いる実習が増えています．土木系には測量実習があり，実際に測量機材を用いて大学構内などを測量して製図します．生物系，農学系，水産系では農場実習，臨海実習などを実施している大学があります．情報系だけでなく，理工系では多くの学科でプログラミングの実習があります．講義で学んだプログラミング言語を使って，課題として与えられたプログラムを作成します．
　最近は，総合力を養成するための実習をカリキュラムに取り入れる大学も出てきました．機械系において，数名のグループで減速機など指定された装置を，部品ごとに担当を決めて設計・製作し，性能評価を行うという事例があります．化学系においても，グループで反応・分離の工程を分担して設計するという実習を取り入れている大学があります．
　その他には，医学部や薬学部の病院・薬局実習があります．実際の病院や薬局に出向いての実習であるため，社会的な常識を身につけていなければなりません．理系では知識を体験的に理解し，実践力を身につけるために実験・実習があります．主体的に取り組むことで理解が深まるので，しっかり予習をしてのぞむようにしましょう．

第 7 章

将来への布石

　この章では，理系学部に入学したみなさんが将来のために取り組んでおくとよいことを示します．一つは（理系に限ったことではないのですが）英語力を向上させることです．理系では英語論文を読めないと研究に支障が出ます．さらに英語での論文執筆や学会発表の機会もあります．

　二つ目は，これも英語が関係しますが，留学です．留学により異文化の人とコミュニケーションをとることは貴重な体験です．社会人になって海外勤務を命じられた場合などは，大学時代の体験が役に立つに違いありません．

　三つ目は，自分自身の大学時代の活動に関するポートフォリオをつくっておくことです．大学生活ではインターンシップ，ボランティア，部活やサークルなど，さまざまな課外活動に取り組む機会があるでしょう．その活動でどのような（what）課題に直面したかや，その課題にどのように（how）行動したのかをポートフォリオとして記録することによって，その経験をより高めることができ，さらに意欲の向上も期待できます．

第7章　将来への布石

7−1　英語は必須

1　英語の重要性
　英語の重要性がどんどん増しています．特に理系の世界では，研究に関する情報収集をする際に英語が必要です．研究室に配属されると，英語の論文を読み始めます．大学院に進学すると日常的に論文を読みますが，その多くは英語で書かれたものです．世界中の多くの研究者が英語で論文を執筆しているため，最新の情報を得るためには英語論文を読むことが必須なのです．

2　大学院進学の際にも
　大学院入試の試験科目には，ほとんどの場合に英語があります．最近は，TOEICの基準点を定めているところも増えています．基準点を超えていると英語試験が免除されたり加点される場合と，基準点に達していることが応募の要件になっている場合があります．将来，大学院への進学を考えている人は，英語を苦手にしてしまうとたいへんです．

3　博士をとるには英語は避けて通れない
　博士課程まで進むと，国際会議に出席する機会が出てくるでしょう．また理系の大学院博士課程では，審査制度の確立された国際的な学術雑誌に論文が掲載されなければ博士号がとれないところが少なくありません．したがって，論文を英語で執筆する必要がある場合も多いのです．博士課程まで進学するのであれば，英語は避けて通れません（※）．
※初めて英語論文を執筆するときは，先生の指導やネイティブチェックも受けて完成度を上げていきます．最初から地力で英語論文を書ける人は多くありません．

4　社会に出てからも
　グローバル化が進んだ現在では，就職しても英語から逃れられないことが多いでしょう．たとえば海外の拠点や取引先と会議をする場合などは英語が前提ですし，エンジニアには海外出張や駐在の機会も少なくありません．そして近年では，昇進・昇格の要件としてTOEICの基準点を定める企業も増えています．

英語は必須の時代

5 英語学習のサポート体制

　幸いなことに，最近は，英語学習のサポートが充実している大学が増えています．たとえば学力別にクラスを分け，レベルに合った英語の授業を受けられるようにしている大学が少なくありません．文法，ライティング，会話のそれぞれが別の授業になっているのもいまや当たり前ですし，ネイティブの先生の授業も珍しくありません．さらに，TOEIC受験用の教材や授業を提供している大学もあります．

6 いずれにしても英語は必要

　大学院に進むにしろ就職するにしろ，いずれにしてもこれからの時代は英語は必要不可欠であり，好き・嫌いでは済まされなくなってきました．特にエンジニアや研究者として仕事をする場合は，英語にかかわる機会が多いでしょう．また，先に記したように大学院入試にも英語は必要ですので，少しずつでも勉強しておきましょう．

第 7 章　将来への布石

7－2　留学は貴重な人生経験

1　留学のすすめ
　大学生のうちにやっておきたいことの一つに，留学があります．一般に，大学生は留学する時間的余裕とチャンスに恵まれています．この機会を逃す手はないでしょう．短期の留学プログラムや海外の大学のサマースクールは２〜４週間程度であり，夏休み中に実施されるため，授業にも影響を与えずに参加できます．

2　大学が紹介する留学プログラムを見てみよう
　各大学は，学生が参加できる留学プログラムを用意しています．たとえば短期留学プログラム，海外の大学のサマースクール，海外の企業でのインターンシップ，長期の交換留学プログラムなどです．留学希望者に対する説明会やセミナーを開催して，留学に関するさまざまな情報を提供している大学もあります．留学の手続きとして必要な，ビザや保険などのサポートも行います．

3　短期留学やサマースクール
　短期留学は語学力の向上を目的としたものがほとんどで，２〜４週間ほどのプログラムです．留学先は海外の語学学校や大学で，午前中は語学の講義を受け，午後は自由行動というパターンが多いようです．一方，サマースクールでは，語学のクラスに加えて，留学生向けに大学の授業が提供される場合があります．授業は現地の言語で行われます．短期留学は長期留学のハードルを下げるという効果もあります．

4　海外インターンシップ
　海外インターンシップは，現地の企業で就業体験をするプログラムです．期間は１カ月ほどの短いものから，１年近くに及ぶ長いものまであります．語学の講義などはなく，現地の企業で仕事や課題に取り組みます．理系の学生を対象とした海外インターンシップには，受入先が日本企業の現地法人というケースもあります．もちろん日本ではなく現地で就業体験をしますが，日本人社員が世話役となることも少なくありません．

留学は貴重な経験

5　交換留学

　交換留学は，協定している海外の大学で学ぶプログラムで，期間は半年から1年と長いです．その大学の学生といっしょに授業を受けて，単位を取得することができます．したがって授業を理解するだけの語学力が必要なので，定められた基準に到達していなければ留学を受け入れてもらえません．

6　留学する前に

　海外に留学する前には，きちんと準備をしておきましょう．短期の語学留学であっても，参加するプログラムのレベルに応じて語学を勉強しておきましょう．それに加えて，安全に関する事前教育を受けておく必要があります．安易な気持ちで留学して，現地でトラブルになっては台無しです．気をつけるべきことを，しっかり理解しておきましょう．

第7章 将来への布石

7-3 留学のメリット

1 現地でしか身につかない英語力

留学するメリットとして，実践的な英語力が身につくことがまずあげられます．留学前に英語を勉強したけれど現地にいってみたら話せなかった，という体験談を聞くことは少なくありません．しかし，現地で自分なりに努力しているうちに，少しずつ話せるようになっていくものです．日本にいては身につかない，現地でしか養えない英語力があるのでしょう．当然のことですが，多くの人が，留学によって英語力が向上したと実感しています．

2 コミュニケーション力もあがる

英語力だけでなく，コミュニケーション力がついたと実感している学生も少なくありません．英語があまり話せないため，あいさつ，視線，ボディランゲージなどの準言語的要素や非言語的要素を総動員してコミュニケーションを取ろうとします．また，相手の話を集中して聞こうとします．このような体験がコミュニケーション力の向上に寄与しているのでしょう．大学の先生の中には，「学部生のときの短期留学の体験が，博士号を取得してから長期留学する際のハードルを下げてくれた」という人もいます．

3 日本を外から見る

留学すると，日本の中にいては気づかないことが見えてきます．たとえば日本では，公共施設などのトイレが清潔できれいに保たれています．また至るところにコンビニエンスストアがあり，いつでも必要なものを手に入れることができます．留学すると，そういうことが当たり前ではないことがわかります．一方，海外では，人とすれ違うときに視線を交わしてひと声かけたり，あいさつしたりなど，コミュニケーションが日本よりもフレンドリーであることにも気づくでしょう．文化の違いを体感できます．

外国の大学の例：ハワイ大学

4 交換留学のメリット

　交換留学は期間が6カ月以上もあってややハードルが高いですが，それを補うメリットもあります．まず，大学どうしが協定を結んで行うものなので，受入先の大学に授業料を納める必要がありません．また，受入先の大学で授業を受けて取得した単位は，卒業要件としてカウントすることができます．休学せずにすむため，長期留学と4年間での卒業の両方を実現できます．

第7章　将来への布石

7-4　ポートフォリオをつくろう

1　ポートフォリオとは

　ポートフォリオという言葉には紙ばさみ，書類かばん，作品集，資産構成などの意味があります．金融分野でよく使われる言葉で，その場合は資産構成を意味します．しかし本書では，大学での学習成果や活動を「ひとまとめにして一覧できるようにしたもの」という意味でポートフォリオという言葉を用います．

2　ポートフォリオの内容

　ポートフォリオを作るには，A4サイズのバインダーを用意します．そこに，TOEICのスコア，実験・実習のレポート，インターンシップの記録，留学中の覚え書きなどを，その都度ファイルしていきます．また，ボランティアやアルバイトなど，課外での活動についてもファイルしておきましょう．

3　振り返りのメモを作成する

　さらに，そのような活動で苦労したことや失敗したことがあったときに，それをどのように乗り越えたのか，具体的にわかりやすく1ページのメモに記して，それもファイルしておきましょう．じつは，この振り返りのメモを作成することがポートフォリオをつくるうえで最も大切なプロセスなのです．なぜなら苦労したり失敗したときに，それを解決する過程が重要であり，その記録を残すことが大きな意味をもちます．

4　ポートフォリオはやる気の素

　ポートフォリオに記録を残して，自分の活動を言語化・可視化することによって，成長を認識できるようになります．やる気や意欲を高めるために必要なのは成功体験だといわれています．忘れてしまいがちな小さな成功体験を書き留めて読み返せるようにしておけば，やる気の素になります．ポートフォリオをつくって，自分でやる気を育てましょう．

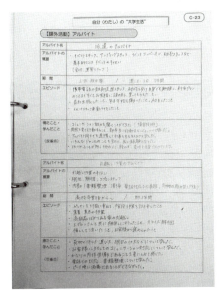

実際のポートフォリオ

> **コラム**
>
> ## ポートフォリオは就職活動の強い味方
>
> 就職活動の面接では,「大学時代に力をいれて取り組んだことを教えてください」というのが定番の質問です.採用する側がこの問いかけで知りたいことの一つは,困難や失敗に直面したときにどのように考えてどのように乗り越えたか,またその体験から何を学んだかということです.それを聞き出すことによって人物像が見えてきますし,仕事で問題や課題に直面したときに乗り越えていける人材なのかの判断材料にします.
>
> 多くの学生は,就職活動を始めてからこの問いに対する答えを見出そうとします.しかし,せっかくよい経験をしていても忘れがちなのが人間なので,なかなかうまくまとめられません.ところが1年生のときからポートフォリオをつくっておけば,この問いに答えるのは難しくありません.ポートフォリオを読めば,力を入れて取り組んだときの記憶が蘇ってくるでしょう.また自信と意欲を育ててきているので,堂々と話すことができるようになる効果もあるかもしれません.ぜひポートフォリオを作成して,自分で意欲や能力を高めていきましょう.

実験・レポート

「実験レポートの書き方」

　理系の学部では時間のかかる実験があり，そのうえレポートも書かないといけないので，大変なのでは，と心配している人もいることでしょう．基本的な書き方を身につけてしまえば，実験レポートの作成は難しくありません．実験レポートを書くときの基本的なルールを記します．

1. A4サイズの用紙を用います．
2. 常体（だ・である）で書きましょう．論文を執筆するときも同様です．
3. 決められた様式の表紙をつけましょう．実験のテキストや手引き，あるいは，シラバスなどに表紙の様式が示されているはずです．実験のタイトル，所属，名前，学生番号，共同実験者名，提出日などを記します．
4. 提出期限を守りましょう．遅れると減点や不合格になることもあります．
5. 実験の目的には，どのような理論，現象を確認するための実験なのかを記しましょう．
6. 原理として，理論式や測定の原理などを記します．必要に応じて講義で学んだときの教科書を参照しますが，丸写しにならないようにしましょう．
7. 実験方法は，手順を分かりやすく書きます．実験に用いた，装置，機器，器具などは，名称（メーカー名，型番など）を記します．また，試料，試薬（メーカー名，品番，等級など）についても明記します．レポートを読んだ人が実験を再現できるように書けているかチェックしてみましょう．
8. 結果は，実験で得られたデータを単位とともに記します．単位を忘れるケースは少なくありません．図，表，グラフ，数式などには番号と題名を忘れずにつけましょう．化学系の実験などでは，色，音，においなど観察したことも記します．
9. 考察は文字どおり，実験結果からどのようなことが考えられるのかを記します．たとえば，実験結果と理論値が異なっている場合に，なぜそうなったのか分析すれば，それが考察になります．考察は感想を書くところではありません．
10. 実験やレポートを書く際に参照した書籍や文献があれば，参考文献として記します．

第8章

いざ研究者の世界へ

　理系の学部では3〜4年生になると研究室に配属されて，先生の指導のもとで卒業研究に取り組みます．そして研究成果を卒業論文としてまとめ，卒業研究の発表会で報告します．卒業論文は学内の発表だけにとどまることもありますが，学術的な成果が大きい場合は，学術誌への投稿や学会発表に発展することがあります．また理系の研究室では，学生の卒業研究だけでなく，先生も自分のテーマで研究に取り組んでおり，学術誌への論文投稿，学会発表，特許出願，さらには企業との共同研究なども行っています．この章では，研究室配属，卒業研究，学会，共同研究，そして特許について説明します．

第 8 章　いざ研究者の世界へ

8−1　研究機関としての大学

1　大学は研究機関

　大学は学生を教育する場でもありますが，先生たちにとっては研究をする場でもあります．実際に，大学では各分野における最先端の研究が行われています．たとえば自然科学分野のノーベル賞の多くは，大学での研究成果に対して与えられたものです．数学のフィールズ賞を受賞した研究者も，その多くは大学に所属しています．これは日本に限らず，海外でもそうです．

2　基礎研究と応用研究

　科学における研究は，基礎研究，応用研究，そして開発研究に分けることができます．基礎研究は科学の基本原理を追求するための研究で，知識欲や好奇心が原動力といえるでしょう．応用研究はすぐに社会で役立つことが想定されている研究です．大雑把にいえば，理学部は基礎研究が，工学部や薬学部は応用研究が主体といっていいでしょう．ただし生物学や化学など，基礎研究と応用研究が非常に近く分けがたい分野もあります．

3　開発研究と産学連携

　製品の開発は主に企業で行われています．応用研究をうまく製品開発に結びつけることができると，競争力のある製品ができるため，大学の研究室と企業の共同研究が行われることも少なくありません．これを産学連携といいます．理系の研究には，科学において未知の分野を明らかにしていくことと，科学を社会に役立つものにすることの二つの側面があるといえるでしょう．

4　研究者としての大学教員

　大学の先生は研究者でもあるため，授業をするだけでなく研究にも取り組んでいます．テーマを設定し，実験を行い，論文執筆へと進めていきます．他の先生が主宰する研究プロジェクトに参加することもあれば，自分がリーダーとなって研究プロジェクトを運営することもあります．自分が研究プロジェクトを主宰する場合は，予算獲得，メンバー招集，進捗管理など非常に多岐にわたる活動が求められます．

5 授業と研究の違い

講義形式の授業では,学んだことを試験で正確に再現できるように勉強をします.いい換えると,既知の知識を学んでいるわけです.一方,研究はそれまで誰もやっていないことを明らかにしようとする行為なので,やってみてもうまくいくかどうかわかりません.必ずしも答えに到達できないかもしれない問題に取り組み,最終的に論文という形で自分なりの成果を出さなければなりません.

コラム

基礎研究は役に立たない？

基礎研究の意義の一つが「科学の基本原理を追求する」ことであると記しました.人類はその知識欲や知的好奇心によって未知の領域を切り拓いてきたのであり,基礎研究は人間の根本的な欲求であると考えることができます.では基礎研究は社会の役に立たないのかというと,そうではありません.基礎科学で研究されたことが社会で必要不可欠となっていく例は数多くあるのです.

この例としてよく出てくるのが,アインシュタインの特殊相対性理論,一般相対性理論です.発表当時,相対性理論は天文学などで用いられることはあるとしても,社会に直接役立つものと考えられてはいませんでした.しかし,カーナビゲーションシステムや携帯電話に搭載されているGPS (Global Positioning System) の実用化には相対論的補正が必要不可欠でした.GPSではGPS衛星に搭載された原子時計にもとづく信号を用いています.GPS衛星から信号を受信する機器では,誤差をなくすためのさまざまな補正が行われていますが,GPS衛星の時計と地表の時間を同期させるための補正も行っています.GPS衛星は地表に対して高速で移動しているため特殊相対論効果による地表から見た時間の遅れがあります.また,地球の重力場による地表の時間とGPS衛星の時間の進み方に差があります.この差を補正するのが相対論的補正です.もし相対論的補正を行わないと,正確な位置情報を算出することができません.

アインシュタインも,特殊相対性理論や一般相対性理論がこのような形で社会に役立つようになるとは想像していなかったでしょう.

第8章 いざ研究者の世界へ

8-2 研究室ってどんなところ？

1 研究室で受ける教育

　大学は研究機関であると同時に教育機関としての役割もあります．教育は，授業というかたちに加えて，研究室での研究指導というかたちでも行われています．学生は先生の指導のもとで研究の方法について学ぶのです．多くの大学では，学部の4年生から研究室に配属されますが，3年生からの大学もあります．

2 研究室配属の前に

　先生ごとに研究している分野が異なるため，どの研究室に配属されるかによって，卒業研究の内容や取り組み方が変わります．そこで，希望の研究室を決める前に，各研究室がどのような研究に取り組んでいるのか，どのような雰囲気なのかを知るための研究室見学が実施されることがあります．できるだけ多くの研究室を見ておきましょう．研究内容だけでなく，それ以外の情報も収集しておくことが大切です．研究室のルールや求める人材像をウェブサイトなどで示している先生もいます．

3 研究室の選び方

　一般的には学部3年生の終わりから4年生のはじめに研究室の配属希望を出すので，それまでにどの研究室を希望するのか決めなければなりません．研究室を選ぶときには，研究内容，先生の指導方法，コアタイムの有無や拘束時間，先輩たちの就職先など，多くの情報を検討する必要があります．研究室選びは仕事選びと同じで，ひとりひとり価値観が異なるため，人気の研究室が自分にあっているとは限りません．自分の方向性と，研究室の方向性が合っているかをよく検討しましょう．

4 配属の決まり方

　研究室には定員があるため，希望を出した研究室に必ず配属されるとは限りません．配属希望者が定員に収まっている場合はすんなり配属が決まりますが，人気のある研究室に希望が殺到することがあります．そのような場合には，学科ごとに研究室配属のルールが決められています．多くの場合，研究室の希望順位と3年生までの成績（GPA）順位で決まりますので，1年生のときからの努力が大切です．

5 研究室中心の大学生活に

理系では，研究室の配属前と配属後で大学生活が大きく変わります．研究室に配属されるまでは授業を受けることが日々の生活でした．しかし研究室配属後は，卒業研究を進めることが中心となるため，大学にいるほとんどの時間を研究室で過ごすようになります（授業があれば，その時間は教室で授業を受けます）．研究室にはひとりひとりの机，椅子，パソコンに加え，実験用のスペースや実験机もあります．

コラム
研究室ごとに大きく異なるルール・スタイル

研究室配属に関することとして知っておきたいのは，研究室によってルールやスタイルが大きく異なるということです．まず，研究分野によってスタイルや雰囲気に違いがあります．たとえば化学系や生物系などの実験に時間のかかる分野では，必然的に研究室にいなければならない時間は長くなります．また，実験に安全上の配慮が必要な分野では，装置や器具の取り扱いも含めてルールを遵守することが求められます．機械系や建築系など，チームで規模の大きな実験をする研究室では，チームワークが必要となるため，ふだんからのコミュニケーションが重視されます．そのため，スポーツ大会や懇親会などのイベントが多い傾向にあります．物理学や数学などの理論系で実験のない研究室では，ディスカッションに積極的に参加することが当然とされています．

さらに，研究室は先生の裁量によって運営されているため，先生の考え方が研究室のルールやスタイルに反映されます．かなり細かくルールを定めているところもあれば，学生の自由に任せている研究室もあります．どちらにも一長一短があります．先生が厳しく，細かくルールが定められていて，拘束時間も長い研究室は少し窮屈に感じるかもしれません．しかしこのような先生は，実験や研究に熱意をもっていて，学生の指導にも熱心なことが多いようです．したがって，社会に出る前に自分をしっかり鍛えるにはよい場所になるでしょう．対照的に，あまり細かなことをいわずに学生の自由に任せている研究室は，大学らしい自由な雰囲気があります．最初に研究テーマを決めたあとは，必要最低限の研究の進捗を報告さえしていれば，研究室に出てくる時間も帰る時間も自由です．しかし，こうした研究室では自分から指導を求めなければ何も始まらないので，自主的に研究を進められない人には向きません．

第 8 章　いざ研究者の世界へ

8-3　卒業論文を書くには

1　研究テーマを見つける
　一般的な研究では，まず先行研究について調査します．その分野でどのような研究がなされていて，何が明らかになっており，何が明らかになっていないのかを調査するのです．先行研究で明らかになっていないことの中に，自分にとって興味・関心のある課題を見つけて仮説を立てることにより，研究テーマが決まります．未知のことに対して，自分の立てた仮説を立証するプロセスが研究なのです．

2　卒業研究とは
　卒業研究は，約1年間で実験や研究，論文執筆，卒業研究発表までを行う，教育的な意味合いの大きい活動です．研究テーマは，研究室の先生から提示された複数のテーマから興味・関心のあるものを選ぶのが一般的です．研究室の先行研究について理解したうえで，基礎となる理論を書籍や論文で学ぶところから始めます．また，理系の場合にはチームで実験や研究を進めることも多く，その一員として大学院生が加わることもあります．

3　研究室によって異なる卒業研究
　同じ学科であっても，研究室によって卒業研究の内容は大きく異なります．たとえば理論系の研究室では，基礎となる理論を文献や書籍で学んだり，計算式の証明を行うなどの勉強をしながら，コンピュータによるシミュレーションなどに取り組みます．一方，実験系の研究室やフィールドでの調査を行う研究室では，まず実験や調査を行わなければ研究は進みません．

4　卒業研究の進め方
　卒業研究で取り組む実験は，授業の実験・実習とは違って高度で複雑なものが多いため，注意事項を守りながら慎重に進めることが求められます．最終的に論文にまとめることを念頭において，実験装置，方法や手順，結果，特筆すべきことなどを実験ノートにもれなく記載しておきます．定期的に進捗を報告し，必要に応じて先生の指導を受けながら進めていきます．

慎重な実験が求められます

5　卒業論文

　卒業研究の成果は，卒業論文としてまとめます．一般に，理系の論文は，次のように構成されます．まとめ方や書き方を解説した本はたくさんありますので，実際の執筆時にはそれらを参考にしてください．
①緒論（研究の背景と目的）
②理論（仮説の理論的背景）
③実験方法（実験装置，実験の手順や方法（他の研究者が再現可能なように示す））
④結果（実験結果を示す．必要に応じて表やグラフを用いてわかりやすく示す）
⑤考察（実験結果からどのようなことが推察されるのか述べる）
⑥結論（研究目的で示した仮説に対する結論，および，今後の課題）

6　卒業研究発表会

　4年生の終わりには，卒業論文を提出するとともに，学科ごとに開催される発表会で報告します．学会発表に準じた形で実施され，発表時間は数分から10分程度で，パソコンのプレゼン用ソフトを用いて発表します．発表会では，質疑応答の時間も設けられます．卒業研究であっても学術的な成果が大きい場合は，学術誌への投稿や学会発表に発展することもあります．

第 8 章　いざ研究者の世界へ

8 - 4　学会で研究の輪を広げよう

1　学会とは
　学会とは，同じ分野の研究を目的とした，その分野の研究者がつくる学術団体のことです．また，その団体が開く会合のことを指す場合もありますが，こちらは正式にいうと「学会の大会」です．日本には1000以上の学会があり，会員数が1万人を超える大規模な学会もあります．大学の教員は，たいていの場合，複数の学会に所属しています．

2　学会に入会するには
　学会にはそれぞれの規定があり，入会についても定められています．多くの場合は，入会する際に，会員や理事の紹介が必要です．入会の規定は，各学会のウェブサイトなどに示されています．学生の場合は，会費が低く設定されている学生会員という資格があります．大学院生になると，研究テーマの中心となる学会に入会することになるでしょう．学部生でも関心のある分野の学会に入会できます．

3　学会で自分を磨く
　学会で同じ分野の研究者と交流し，最新の情報を得たり意見交換することで，自分の研究を発展させることができます．学会の大会に参加して発表を聞くだけでも最新の情報を得ることができ，勉強になります．また，大会中には懇親会なども開かれるので，積極的に参加しましょう．学会は研究成果を発表する場でもあります．大会で研究成果を発表したり，学会が発行している学術雑誌に研究成果を論文として投稿したりするかたちで，成果を発表します．

4　国際会議もある
　理系では，海外で開催される国際会議で発表をする機会もあります．国際会議はその分野の専門家が集まって，学会の大会と同様に研究発表を行う会合です．国際会議では，英語で発表したり質疑応答したりするのが基本です．日本国内で国際会議が開催される場合もありますので，そういう場合にはぜひ参加したいものです．

学会発表の様子

5　企業との共同研究

　理系の研究室の中には企業と共同研究しているところがあります．企業は製品の開発研究は得意とするところですが，ものになるかどうかわからない先端研究にまでなかなか手が回りません．そこで大学の研究室に先端的な分野の研究や理論的な解明を任せることがあります．これが共同研究です．企業が大学と共同研究する場合には，研究資金や装置・機材などを提供したり，自社の研究員を派遣したりという協力をします．

6　共同研究は勉強になる

　共同研究の一部を学生が担うことがあります．配属された研究室で共同研究に携わる機会があれば，チャンスと思ってやってみましょう．なぜなら，共同研究では定期的に企業の担当者に報告する機会があり，的確な説明が求められ，厳しい要求が出ることもあります．学生にとってはハードルが高いのですが，それゆえ勉強になるのです．共同研究がきっかけで，その企業に就職が決まったというケースもあります．

第8章 いざ研究者の世界へ

8-5 大学の研究でも特許がとれる

1 特許出願のチャンス
　理系の研究では，特許を出願する機会があるかもしれません．大学の研究成果といえば，従来は学会発表や論文が一般的でした．しかし最近は，知的財産権である特許を出願しておいて，それから発表するというケースもあります．先述した共同研究などの場合に，知的財産権を確保する必要があるためです．また，研究成果をいかして先生自身がベンチャー企業を設立して事業化するケースもあります．

2 特許とは
　特許とは，発明によって新たな技術を開発した人に独占的な権利を与える制度です．企業が自社で開発した技術の特許を取得するのは，他社がその技術を使えないようにして，競争相手を排除できるからです．あるいは，自社の保有している特許を他社が利用する権利を認めて収入を得ることも可能です．特許は知的財産権の一つで，企業にとっては大きな意味をもち，近年，その重要性は増すばかりです．特許法では発明を，「自然法則を利用した技術的思想の創作のうち高度のもの」と定義しており，発明が特許を受けるためには，以下の要件を満たす必要があります．

3 産業として利用できる発明
　特許法の目的は産業を発達させることであるため，産業上利用できることが特許の要件となっています．たとえば，野球で新しい変化球の投げ方を発見しても，個人の技術であり産業になり得ないため特許は受けられません．また，医療行為などは産業上の利用としては認められていません（医療機器，医薬品は認められます）．

4 新規性があること
　特許を受けるためには，これまでにない新しいものでなければなりません．出願するときに広く知られているものは，特許として認められません．たとえば，マスメディアで報道されている，インターネットで公開されている，製品として存在している，書籍や論文で発表されているものは新規性が失われたとされます．したがって原則としては，論文発表や学会発表する前に特許出願しておく必要があります．

大学の研究が特許に結びつくことも

5 進歩性があること

　これまでの技術に比べて明らかな進歩がある発明に対して特許が認められます．従来技術をほんの少し改良しただけのものは，誰でも簡単に考えつくものであり，そのようなものは特許を受けることができません．要素を組み合わせただけのもの，要素を別のものに置き換えただけのもの，用途を変更しただけのもの，材質を変えただけのものは進歩性がないものとされます．たとえば，ナイフ，はさみ，ドライバーを組み合わせただけの万能ナイフは，要素を組み合わせただけのものなので特許は受けられません．

6 先に出願されていないこと，反社会的でないもの

　日本の特許法は先出願の原則にのっとっています．したがって，同じ内容の発明であれば先に出願したほうが特許を受けられます．また，社会の秩序を乱したり，人々の健康を害するような発明は特許を受けることができません．たとえば，紙幣を偽造する装置は，いかに技術的に優れたものであっても特許が認められません．

　以上の要件を備えた発明であれば特許を受けることができます．特許を出願する際には，その分野の専門家が読んで発明を実施することができるように，簡潔でわかりやすく記した明細書を作成して願書や特許請求の範囲とともに特許庁に提出します．

悩み・相談

「悩みのあるときにはカウンセリング」

　大学生活を送る中で，悩みが生じることがあります．たとえば，人間関係がうまくいかない，友人がいない，大学で何をしたらよいのかわからない，授業に出られない，なんとなく不安，やる気が出ない，気分が落ち込む，憂うつである，身体の調子が悪い，などです．そのようなときは，カウンセリングを受けてみるのもよいでしょう．最近は多くの大学に学生相談室やカウンセリングルームが設置されており，専任のカウンセラーがいて，学生生活のさまざまな悩みを相談できます．個室での相談であり，そこで話した内容や個人情報についての秘密は守られるため，安心して話ができます．カウンセリングを受けることによって状態や悩みが改善するケースは少なくありません．恥ずかしいことではありませんので，積極的に利用しましょう．

第9章

4年後への準備

　「入学したばかりなのに，もう卒業後の話？」と思うかもしれません．しかし，将来のことを考えずに過ごしていると，あっという間に卒業を迎えてしまいます．納得できる進路を選択をするためにも，卒業後のことを意識して少しずつ準備をしておくのがおすすめです．進路・就職に関しては，情報を収集する，選択肢について考える，実際に行動してみる，というプロセスが重要です．この章では，進路を検討するために重要なこととして，インターンシップ，大学院進学，博士号について説明します．この機会に，将来について考えてみましょう．

第 9 章　4 年後への準備

9–1　インターンシップのすすめ

1　インターンシップとは
　インターンシップとは，学生が一定期間，企業や組織の中で研修生として働くことによって，実際の仕事内容や職場の雰囲気などを知ることができる就業体験のことです．インターンシップの期間は長いものでは数カ月に及ぶものもあります．一方で，会社の仕事を説明するのが目的で開催される 1 日だけのものもあります．また，海外でのインターンシップも実施されています．大学院への進学を考えている人にとっても，社会を知るという意味で貴重な経験になるでしょう．ぜひ参加して，社会経験を積みたいですね．

2　インターンシップにもいろいろある
　インターンシップには学部・学科不問で文系・理系を問わずに応募できるものと，理系の学生のみが対象の技術系インターンシップとがあります．また，ウェブサイトなどで募集されていて誰でも応募できるインターンシップ（公募のもの）と，大学からの推薦によって参加するものとに分かれます．大学によっては，海外の企業に学生を派遣する海外インターンシップを実施しているところもあります．国家公務員総合職（技術系）のインターンシップを実施している省庁もあります．いろいろあって，迷ってしまいますね．

3　インターンシップの時期
　インターンシップの多くは，学生が参加しやすい夏休みの期間中に実施されます．夏休みに入る前に，どんなインターンシップがあるのか調べておきましょう．ただし，それ以外の時期に実施されるものもありますので，募集要項に載っている日程を確認しておきましょう．また，3 年生以上に限定されているものもあれば，学年を問わず 1 年生から参加できるプログラムもあります．1，2 年生のうちからインターンシップに参加すると，大学での勉強にも意欲が出るという効果があるといわれていますので，1，2 年生の段階で参加してみるのもお勧めです．インターンシップは将来の仕事を考えるうえで貴重な経験となるでしょう．

さまざまな職業があります

4　応募する前に

　インターンシップでは書類や面接による選考があるので，選考に向けての準備が必要です．多くの大学では，キャリアセンターなどでインターンシップ応募に関するサポートを実施しています．応募する前に，ぜひ相談にいきましょう．

5　技術系インターンシップのすすめ

　技術系インターンシップでは，大学で学んでいる専門分野によって，研究開発，設計，生産技術，品質管理，知的財産などの部門（職種）の中から応募可能なところが決まっています．理系であれば，技術系インターンシップに参加することをおすすめします．実際の仕事に近い実践的な研修テーマが設定されていて，研究者やエンジニアとして仕事をしている人が指導にあたるので，技術系の仕事がどのようなものかよく理解できるからです．また，研究所や工場の見学が含まれているプログラムもあり，将来の仕事を検討するうえでも貴重な機会になります．

6　インターンシップに参加する際に気をつけたいこと

①インターンシップでは，社会人としての行動が求められます．礼儀正しく行動することは当然です．わからないことは質問するという意欲も必要です．

②技術系インターンシップでは，その企業の技術開発に接する機会もあるので，守秘義務には十分気をつけましょう．携帯電話などは，もち込めないところもあります．

③安全には十分気をつけましょう．企業の現場では大きな設備や装置があります．必要に応じて安全靴や保護眼鏡などが貸与されますが，工場などの現場では説明をよく聞いて注意深く行動することを心がけましょう．

④保険に加入しましょう．傷害保険と損害賠償責任保険に加入しておきましょう．

第9章　4年後への準備

9-2　大学院にいくほうがいいの？

1　大学院への進学

　理系の学部では，オリエンテーションで早くも大学院の話を聞くかもしれません．理系では大学院に進学する学生が多いこともあり，大学院進学を念頭においたうえで将来の進路について考えてほしいからです．理系が文系に比べて大学院進学率が高い理由は，大学院進学のメリットが明確でわかりやすいからだと思われます．

2　大学院に進学する理由

　理系で大学院に進学を希望する理由としては，「もっと専門分野の技術や知識を身につけたい」，「研究が面白くなってきたので続けたい」，「就職に有利だと聞いた」，「将来は研究開発の仕事をしたい」などが代表的です．大学で学んだ専門分野に対する興味が深まり，研究の面白さがわかってきた人にとっては，大学院進学はお勧めです．また，将来の仕事を見すえて進学するというのも目的のあることです．

3　目的が不明確だと

　一方で「周りが進学するから」，「就職する気になれない」などの理由で進学することはおすすめできません．もう一度，自分が何のために大学院に進学するのか考えてみましょう．目的が不明確なまま進学した場合，「研究に向いていない」，「実験が好きでないことに気がついた」，「やる気が出ない」などの問題が起こる可能性が大です．大学院を中退するのは，だいたいこのようなケースです．

4　進学する前に

　大学院に進学するにあたってクリアしなければならない大事な問題があります．それは学費です．保護者の方と相談して，学費に支障がないことを確認しておくことは必須です．進学を希望していたにもかかわらず，入学直前になって学費の問題で断念したというケースもあります．また大学院に進学すると決めていても，インターンシップや就職活動を経験しておくとよいでしょう．学部で就職活動した人は，大学院での就職活動がうまくいく傾向にあります．

5　大学院では

　大学院では授業もありますが，博士前期課程の修了要件は2年間で30単位程度（※）なので，学部に比べると少ないです．その分の時間は，研究室で実験や研究に取り組みます．その他に，論文などの文献を読んで勉強したり，研究の進捗報告やディスカッションをしたりします．また学会への参加も増え，国際会議で発表する機会に恵まれるかもしれません．そして，研究成果を修士論文としてまとめて学位審査を受け，合格すると修士の学位が取得できます．
※修了要件は研究科や選考によって異なります．

> **コラム**
>
> ### 理系の大学院に進学するメリット
>
> 　理系の大学院に進学することのメリットとして，次があげられます．
> ①専門的な技術や知識を学ぶことができます．理系では大学の専門分野と関連する技術系の仕事があり，大学院に進学することによって，仕事に求められる専門的な技術や知識を習得できます．
> ②研究への取り組み方が身につきます．学部でも卒業研究をしますが，1年間だけなので，研究のやり方が身についたとはいいがたいレベルです．大学院に進学すると2～3年間研究に取り組みますので，論文などの文献調査，実験のスキル，データのまとめ方，論文の執筆などを，ひと通り学ぶことができます．また，学会発表の経験も増えるので，研究者の入り口に立ったといってもよいレベルになります．
> ③研究開発など，より専門的な職種への就職が可能となります．研究開発部門の採用をする際に，大学院修了者を対象としている企業が少なくありません．大学院修了者は，企業が研究開発職に求めるレベルの技術や知識があると考えられているからです．
> ④将来の可能性を広げることができます．理系の場合，博士前期課程を修了していると，就職してから社会人として博士後期課程に入学することも可能です．勤務している企業から博士後期課程に派遣されることもあります．博士号取得のチャンスが出てくるのです．
> ⑤初任給が上がります．一般的に技術系の職種は，大学院修了者の初任給が高く設定されています．

第9章　4年後への準備

9-3　大学院に進学するには

1　大学院進学に向けて

　大学院に進学するのであれば，まず学部時代にしっかり勉強しておくことが大前提です．学部での勉強が十分できていないのに大学院に進学しようとしても，院試に合格するのは難しいでしょう．仮に進学できたとしても，基礎工事をせずに建物をつくるようなものです．進学後に苦労するのは目に見えています．

2　進学先を決めよう

　在籍している大学の大学院に進学する場合は，学部のときと研究室が変わらないことが多いです．ただ，中には進学決定後に配属希望を調査して，研究室が変わる大学もあります．また異なる分野の研究に取り組みたい，環境を変えたいなどの場合には，他学部や他大学の大学院に進学するという選択肢があります．4～6月にかけて各大学で大学院説明会が実施されるので，他大学への進学を考えている人は，参加するとよいでしょう．この説明会には学部の1，2年生でも参加できます．

3　事前に訪問してみよう

　他大学で興味・関心のある研究室が見つかったら，訪問してみましょう．見学して話を聞くことにより，研究分野や研究室の雰囲気などを知ることができます．必ずアポイントメントをとって訪問しましょう．また，事前に研究内容を確認しておくことも大切です．大半の研究室はウェブサイトで研究内容を紹介しています．事前訪問をせずに，いきなり院試を受けることは避けましょう．

4　大学院入試の実態

　大学院進学するためには，専攻ごとに実施している入試に合格しなければなりません．試験科目は数学，英語，専門科目，そして面接というのが一般的です．筆記試験の代わりに数学や専門科目の口頭試問を実施する場合もあります．英語に関しては，TOEICのスコアで評価する大学院が増えており，必要最低限のスコアを定めている専攻もあります．応募書類として，志望理由書（研究計画書），研究概要書などが求められます．詳細は，各専攻の募集要項で確認しましょう．

研究室を訪れよう

5 大学院入試の時期

大学院入試は，前期が8月下旬から9月上旬，後期が1月下旬から2月上旬に実施されるのが一般的です（前期の1回のみという専攻もあります）．同じ大学院でも，研究科や専攻が異なると入試日程が違います．また，一般入試だけでなく推薦入試を実施している専攻もあり，推薦入試は一般入試より早く実施されます．

6 受験勉強の前に

大学院への進学を考えているのであれば，まずは授業の内容をしっかり理解しておくことが大切です．そのうえで，3年生の後半から4年生前期にかけて，それまでに学んだことを復習するかたちで入試に向けて準備するといいでしょう．また先にも述べたように，英語はTOEICによって評価されることが増えています．1，2年生のうちからTOEICを受験しておきたいものです．

7 過去問を入手して対策を

大学院入試にも過去問がありますので，入手して勉強に役立てましょう．他大学の大学院を受験する場合には，研究室を訪問したときに過去問について聞いてみるといいでしょう．多くの大学では，図書館や研究科の事務室で閲覧やコピーをすることができます．最近はウェブサイトから過去問をダウンロードして入手できるようにしている研究科もあります．

第9章　4年後への準備

9-4　博士って何？（博士後期課程，博士課程）

1　博士になるには

　博士は，基本的に最上位の学位として位置づけられており，大学院の博士後期課程を修了することで取得できます（これを課程博士といいます）．また，論文審査を受けて博士として必要な能力があると認められた場合にも取得できます（これを論文博士といいます）．博士後期課程には，博士前期課程を修了した（修士の学位をもった）人が進学します．一部には，学部卒業後に進学する5年一貫制の博士課程もあります．

2　博士課程のあらまし

　博士後期課程は3年間であり，その間に12単位を取得しなければなりません．それとは別に学位論文の審査に合格する必要があり，これが最も重要です．博士として必要な能力があるかどうかが，論文によって審査されます．それゆえ，学位審査を受けるための条件が，「本人が主体的に行った研究について審査制度の確立している国際学術雑誌に掲載された論文（あるいは，審査の結果，掲載可とされた論文）が1報以上あること」のように決められています（※）．審査を受けるためには，まず論文が必要なのです．
※学位審査の要件は研究科や専攻によって異なります．

3　博士は取るほうがよいの？

　筆者が大学に入学したとき，「博士とは足の裏についたご飯粒のようなもの．取らなくてもそれほど困らないが，取らないよりは取ったほうがよい」といわれました．博士とは，そういう位置づけの資格だったのです．現在の日本では，企業が研究開発職として採用する人材の多くは修士であり，博士に対する需要は多くないといわれています．ただし，大学や高専の教員になりたい場合は，博士の資格は必要不可欠です．どちらの道を選ぶにしろ，メリットとデメリットがあります．自分の将来にかかわることですので，よく検討しましょう．

博士になるべきかならざるべきか

4　博士号は研究者人生の第一歩

　博士後期課程では，求められる学位論文のレベルが高いため，より高度な技術や知識が必要となります．また自律して研究を進めていく必要があるので，研究の進め方や論文の書き方など，研究者として必要な能力が確実に身につきます．大学や高専の教員や国立の研究機関の研究員に応募するには博士の資格が必須です．研究者としてのキャリアの第一歩が博士号だといってよいでしょう．

5　博士は就職しにくいってホント？

　博士後期課程に進学すると企業へ就職するのが難しくなるといわれています．日本の企業は，これまで博士後期課程を修了した人を積極的に採用してきませんでした．理由の一つは，博士後期課程を修了すると27歳以上になってしまい，企業で働き始めるにはやや年齢が高いことです．もう一つは，研究が専門的になり過ぎていて，企業では使いにくい人材だと考えられていたためです．

6　博士を取り巻く状況は好転している

　しかし近年，理系の博士を取り巻く状況は少しずつよくなっています．大学や文部科学省が博士のキャリアパスを拡大しようと取り組んできた結果，博士を採用する企業が増えてきました．そして実際に博士を採用した企業は，博士は能力が高く研究開発を推進する力があると評価する傾向にあります．今後も，さまざまな分野で博士が活躍することが期待されており，博士の需要は高まっています．ただし高度な技術や知識があればよいわけでなく，コミュニケーション能力の高い人材が求められるのは当然のことです．

第 9 章　4 年後への準備

9–5　就職活動について

1　就職活動について

就職活動は，卒業後にどのようなところでどのような仕事をするのか決めるものであり，非常に重要な活動であることはいうまでもありません．就職活動では，理系は文系に比べて有利だといわれることがありますが，油断は禁物です．きちんと準備している人は順調に就職活動を進めて希望する企業から内定（採用するという約束）を得ることができますが，そういう人ばかりではありません．理系でも苦労することが少なくありません．

2　就職活動のプロセス

企業に対する就職活動は，合同説明会や企業説明会などで企業の情報を収集→エントリーシート（応募書類）などの書類による選考や筆記試験→面接による選考というプロセスで進むのが一般的です．大学時代の活動，志望理由，入社後に取り組みたい仕事，大学時代の研究の概要などが問われます．

3　理系に特有の推薦応募

理系が文系と異なるのは，学科や研究室によりますが，技術系の職種に対して推薦応募の制度があることです（※）．推薦応募とは，企業が特定の学科や研究室に対して学生の推薦を依頼するものです．推薦応募の場合は，エントリーシートなどの書類は提出しますが，書類選考は免除されて面接に進むことができます．大半の場合，選考のための旅費なども企業から支給されます．当然のことですが，推薦を受けられるのは企業の信頼に応えられるしっかりした学生であり，成績はもちろんのこと，人格も問われます．推薦応募で入社が内定した場合は，原則として辞退することはできません．これに対して，推薦応募以外の一般の応募は，自由応募と呼ばれます．

※理系の学科や研究室すべてに推薦応募の制度があるわけではありません．

4 就職活動で問われること

エントリーシートや面接で問われるのは，大学時代の活動，志望理由，入社後に取り組みたい仕事，研究概要などです．採用する側はどういうことを知りたいのでしょうか．

①大学時代の活動：大学時代の活動でどのような課題に直面し，それをどのように解決したのか，その体験から何を学んだか（何を得たのか）が問われます．問題・課題に対してどのように取り組む人なのかを把握しようとしています．

②志望理由と入社して取り組みたい仕事：仕事で何を実現したいのかが問われます．また，入社してからの仕事について具体的なイメージをもっているかについても問われます．その企業で実現したいこと，取り組みたい仕事を具体的にもっているかどうかを見極めようとしています．

③研究概要：大学時代の研究の概要を見ることにより，理系として必要な基礎力があるかどうかを判断します．答える側としては，研究の背景や目的，研究方法や実験方法，どのように進めたか，今後の展望などをわかりやすく説明することが求められます．

6 就職活動までにやっておきたいこと

順調に就職活動を進めるためには，事前の準備が重要です．お勧めしたいのは，インターンシップへの参加です．仕事や働き方について理解を深めるというだけでなく，社会人と話すことによってコミュニケーションのとり方を学べます．また，7-4節で紹介したポートフォリオを書いておくと，大学時代の活動をスムーズにまとめることができるでしょう．

7 充実した学生生活を

当然ですが，充実した大学生活を過ごしている人のほうが，就職活動をうまく進める傾向にあります．実験・実習を含めて主体的に知識を学び，留学，クラブ・サークル，ボランティア，アルバイトなども経験して，社会で必要となる専門知識やコミュニケーション力を身につけていきたいものです．

悩み・相談
「進路・就職のことならキャリアセンター」

　進路や就職のことで相談したいことがあったらキャリアセンターに行ってみましょう．キャリアセンターといえば就職活動というイメージが大きいですが，インターンシップの準備などもサポートしています．また，大学院への進学や編入学などについても相談できます．もちろん，就職活動のときにはとても頼りになります．エントリーシートや履歴書などの応募書類の書き方，面接の練習など，就職活動にかかわることは，必要に応じてなんでも相談しましょう．またキャリアセンターの主催で，就職活動のガイダンスや企業説明会が開催されることもあります．そのようなイベントには，できるだけ参加するのがお勧めです．キャリアセンターを上手に活用すれば，就職活動を順調に進めることができるでしょう．

付　録

困ったときは

大学生活をスタートさせたものの，ときにはうまくいかないことやトラブルに遭うこともあります．ここでは，具体的なケースを取り上げ，どうやって解決すればよいのか考えてみたいと思います．

付録　困ったときは

A-1　大学を変わりたい

Question

　第一志望の大学に合格できず，第二志望の大学に入学しました．入学式を終えて授業が始まり，しばらくは忙しい日が続いていたのですが，少し余裕ができたときに，ふと「ここは自分が入りたかった大学じゃない」と思ってしまいました．第一志望だった大学には，興味のある分野の研究をしている先生がいて，その研究室にいきたかったのです．そのことを考えると，どうしてももう一度受験したくなりました．しかし両親にそのことを話すと，受験しても必ず合格できるとは限らないし，いまの大学でも同じようなことは学べるはず，と反対されてしまいました．このままだとやる気がなくなりそうです．どうしたらよいでしょう？

Answer

　まず志望していた大学に編入学の制度があるか，調べてみてはどうでしょうか．多くの大学は編入学試験を実施しています．編入学試験は，いまの大学に在籍しながら受験することができるため，たとえ失敗してもいまの大学には残れます．受験科目も通常の大学受験に比べると少ないのが一般的です．ただし，所定の単位数を取得している必要があるため，いまの大学での勉強もおろそかにできません．編入学試験の受験を目標とすることによって自分の意欲を高めることができるのであれば，チャレンジする価値はあるといえます．

Result

　調べてみると，志望していた大学は編入学試験を実施していることがわかりました．募集要項には，受験する条件として所定の単位数を取得していることが示されており，試験科目は数学と専門と面接だということがわかりました．受験勉強は必要でしょうが，あらためて大学入試を受けることに比べれば，負担は少なそうです．いまの大学でしっかり勉強しながら，編入学試験を受験することを検討しようと思います．両親も賛成してくれそうな気がします．

Point

　多くの大学が編入学試験の制度を設けており，募集要項には受験資格として，高専を卒業した者，大学を卒業した者，大学に在籍していて所定の単位数を取得した者，などと記されています．同じ大学であっても学部や学科によって受験資格が異なることがあります．試験の時期は，理系では2年次の前期に実施する大学が多いようです．また，毎年編入学試験を実施する大学と，定員に欠員があるときだけ実施する大学があります．いずれも大学のウェブサイトで公開されている募集要項で確認することができます．

　編入学試験のメリットとしては，いまの大学に在籍したまま受験することができ，試験科目が少ないことがあげられます．理系の場合は，英語，数学，専門，そして面接というのがほとんどです．大学でしっかり勉強することが受験勉強にもなります．さらに同じ分野であれば，上限があるものの，編入する前に取得した単位を認定するという制度もあります．いましっかり学ぶことがその先につながるので，意欲をもって毎日を過ごすことができます．なお，過去問も大学のウェブサイトなどで公開されていることが多いので，事前に入手して受験勉強に役立てることができます．

　しかし，編入学には注意しておかなければならない点もあります．編入には2年次編入と3年次編入があり，2年次で受験して2年次に編入される場合は，卒業するのに1年余分にかかってしまいます．また，編入前に在籍していた大学で取得した単位が認定される制度には上限が定められています．編入の際に認定を受けられる単位数は2年間で取得できる単位数よりも少ないため，編入後に履修しなければならない授業が多くなりがちです．また，下の学年の授業を履修しなければならないこともあります．編入しようとするのであれば，編入後の勉強が忙しいことを覚悟しておかなければなりません．そして編入した後には，自ら人間関係を築いていくことも求められます．すでにできあがっている人間関係に入っていく必要があるためです．理系ではグループで取り組む実験や実習があるため，友だちをつくるチャンスになるでしょう．

　同じ大学の中で学部を変わる転学部，学科を変わる転学科という制度もありますが，いずれも定員に空きがなければ実施されない大学が多いようです．

付録　困ったときは

A-2　初めての一人暮らし

Question

　実家から離れた大学に入学したため，一人暮らしすることになりました．比較的大学に近い場所にアパートを借り，家具，家電製品，食器，調理器具，調味料など，必要と思われるものはひと通り買い揃えてもらいました．家賃や公共料金は実家で支払ってもらい，毎月の仕送りもあるため，お金のことは心配しなくてもよさそうです．しかし，初めての一人暮らしなので，実際にやっていけるか不安があります．どんなことに気をつければよいでしょうか？

Answer

　一人暮らしに必要なものをひと通り揃えたら，一日のスケジュールを決めてみましょう．大学で過ごす時間がだいたいわかるでしょうから，そこから起床，朝食，そして帰宅，夕食，就寝などの時間を計算してください．その時間に沿って生活することによってリズムが整います．朝食や夕食を自炊するのか学食で食べるのか，予習や復習を大学の図書館でやるのか帰宅してやるのかなど，自分に合った生活のスタイルができれば落ち着いてきます．
　身の回りのこととしては，ゴミ収集のスケジュールを知っておくことは大切です．いつ，どのゴミを出すかを把握し，ため込まないようにしましょう．また掃除や洗濯などをいつするのかも決めておくとよいでしょう．
　そうして生活しているうちに食品や生活用品を購入するスーパーやドラッグストアなどの店も決まっていき，少しずつ一人暮らしに慣れていけるでしょう．

Result

　大学に少し残って勉強してから帰宅し，そして朝食，夕食は自炊することにして，一日のスケジュールを決めてみました．時間がかからず簡単な料理のレシピを，いくつか母から送ってもらいました．洗濯と掃除は，週のなかばと週末の2回やることにして，ゴミ出しのスケジュールは冷蔵庫に貼って，いつでも確認できるようにしました．自分で決めたことを決まった時間にきちんとやることで，以前より少し大人になったかなと思います．

Point

　一人暮らしをするうえで特に気をつけたいのは，生活のリズムを安定させることと，バランスのとれた食事をすることです．生活のリズムが乱れると，寝過ごして授業に遅れたり欠席したりすることになりかねません．また，食事をおろそかにすると，健康を損ねてしまいます．

　生活のリズムを安定させるうえで有効なのが，起床や就寝などの時間をある程度決めて，毎日を過ごすことです．特に理系の場合には，予習や復習の時間を確保したいので，あらかじめスケジュールの中に組み込んでおくのがいいでしょう．やがて，サークルに入ったりアルバイトを始めることになったら，そのときにスケジュールを見直します．一日のスケジュールだけでなく，一週間のスケジュールも必要です．洗濯や掃除はいつやるのか決めておくほうがよいでしょう．

　食事については，好きなものだけ食べるのでなく，栄養バランスにも配慮したいものです．自炊をするのであれば，簡単にできるレシピと料理の基本が載っている本が1冊あると役立ちます．レシピを載せているウェブサイトも参考になります．自炊したいけれど毎日は面倒だという人は，週末などの時間があるときに作り置きして，冷凍しておくのがおすすめです．実験やサークルなどで帰りが遅くなるときは学食で食べて，時間のあるときは自炊するという方法もあります．

　一人暮らしでは，安全にも配慮が必要です．ドアや窓の施錠はきちんと確認しましょう．

自炊できれば心強いですね

付録　困ったときは

A-3　友人がつくれない

Question

　入学直後にカゼをひいて熱を出してしまい，学科の合宿オリエンテーションを欠席してしまいました．週が明けると，周りはグループができていて入っていけません．昼食にもグループでいくため，自分は入りづらく感じてしまい，売店でパンを買って，友だちがいないと思われたくないので隠れて食べました．高校時代と違ってクラスとしてのまとまりは薄いので，クラスメートに話しかけようとしても，きっかけが見つかりません．このままだとこれからの大学生活をずっとひとりぼっちで過ごさないといけないかもしれません．どうしたらよいでしょう？

Answer

　大教室での講義などでは，同じ学科の同級生を見つけるのは難しく，声をかけにくいですね．きっかけをつかむのであれば，数学や専門基礎など同じ学科の同級生がいる科目がいいでしょう．まず，隣の席に座った人にあいさつをして，きっかけをつくります．そのあとは，出身を聞いてもよいし，専門で何を学びたいのか聞いてもかまいません．また，部活・サークルを決めたのかを聞いてもいいでしょう．大学に入学した直後は，誰もが新しく友だちをつくりたいと思っているので，こちらから話しかければ，友だちになるのはそれほど難しいことではありません．

Result

　専門基礎の物理学で隣の席に座った同級生に話しかけてみました．すると，彼は高校時代に物理学を履修していなかったので，不安があるということでした．僕は物理学は比較的得意なので，もし授業でわからないことがあれば教える約束をしたら，すごく喜んでくれました．授業が終わったあとはいっしょに学食にいき，午後の数学の授業でも隣に座り，さらにそこでも何人かと話をすることができました．すると，英語で同じクラスの友だちもいることがわかり

> ました．まだ，大学生活が始まったばかりなので，他の同級生も友だちを見つけようとしているようでした．サークルをどうするか相談することもできました．これからの大学生活が楽しくなりそうです．

Point

　大学生活をうまくスタートさせるために最も重要なことの一つに，よい友だちをつくることがあげられます．よい友だちができると，それが大学にいく動機になります．勉強について教えたり教わったりする関係ができると，授業も楽しみになってきます．また，実験・実習で苦労をともにすることによって，仕事でも必要なチームワークの大切さを学ぶことができます．

　入学直後は誰でも新しい友だちがほしいので，入学前後のオリエンテーションやイベントで同級生に自分から話しかけると，簡単に友だちになることができるでしょう．ところが，何らかの事情でオリエンテーションなどを欠席してしまうと，できてしまったグループにあとから入っていくのが難しく感じられることがあります．そんなときでも，理系であれば数学などの専門基礎科目は学科ごとに授業をすることが多いため，同じ学科の同級生に話しかける機会があります．話題は何でもかまいません．「どこから来たの？」，「部活やサークルは決めた？」など，きっかけさえつかめれば，友だちになれるるでしょう．ただし，自分からアクションを起こさなければ何も変わりません．自分で考えて行動し，まず最初の一歩を踏み出してみましょう．

自分から話しかけてみましょう

付録　困ったときは

A-4　勉強についていけない

Question

　数学の授業が始まったのですが，ついていけません．高校時代は数学に対して苦手意識はありませんでしたが，大学の授業は内容が高度であるにもかかわらず進むのが早いため，理解がついていかずにおいていかれる感じです．学年が上がるともっと授業が難しくなると思うので，いまのうちに何とかしなくてはいけないと焦っています．試験に合格して単位を取得するだけでなく，きちんと理解したいです．何かよい方法があるでしょうか？

Answer

　高校では宿題を中心とした復習が大事だったと思いますが，大学ではむしろ予習が大切です．予習に力を入れてみてはどうでしょうか．予習は授業を理解しやすくするための準備なので，教科書に目を通して，出てくる公式や定義などをノートに書き写しておくとよいでしょう．授業では前方の席に座りましょう．そして，授業でわからないことがあれば，早いうちに先生のところに質問にいきましょう．どこまで理解できていて，どこからがわからないのか，具体的に質問するのがポイントです．それを考えることで「何がわかっていないのか」がわかります．教えてもらったら，きちんとお礼をいいましょう．

Result

　前日に予習をして，授業に出席するようにしました．予習でノートに公式や定理を写していたお陰で，内容が理解できるようになってきました．授業でわからないところについて質問するために，オフィスアワーに先生の研究室を訪問したら，「いつも前の席で熱心に聞いているよね」と覚えてくれていて，詳しく教えてもらえました．最近では，授業のあとで同級生に教えてあげられるまでになりました．人に教えることにより，自分の理解も深まるような気がします．単に問題が解ければよいのではなく，きちんと理解することが大切だということがわかってきました．

Point

　数学など専門基礎科目は，専門科目を理解するための基礎となるものであり，しっかり理解しておく必要があります．理系の科目は，基礎から応用へと積み上げながら学んでいくものが多いので，基礎科目の理解が不十分だと専門科目は学べません．そのため，いくつか実践したいことがあります．

①シラバスを読んで到達目標や授業計画を見渡しましょう．そうすることによって見通しがよくなり，予習しやすくなります．
②予習して授業にのぞみましょう．教科書にひと通り目を通しておくと，何を学ぶのか，どのような定理，公式を使うのかを知ったうえで授業を聞くことができます．すると，重要なところもすぐわかり，理解しやすくなります．
③重要なところは板書以外の説明もノートに記しましょう．復習するときにわかりやすくなります．
④ノートをもとに宿題や練習問題を解くのが復習です．

　高校時代に履修していない科目については，学習支援センターなどが実施している補習授業を受けましょう．また，授業でわからないところについては，先生に質問する，学習支援センターで教えてもらうなど，早めに解決しておきましょう．

予習が大切

付録　困ったときは

A-5　発表が苦手

Question

　少人数のクラスで実施するセミナー形式の授業があり，定期的に発表の順番が回ってくるのですが，発表するのが苦手です．授業で出された課題について図書館やインターネットで調べて，自分なりにまとめて準備しているのですが，いざ発表となるとすごく緊張してしまいます．発表を終えたときに，自分が伝えたいことの半分も話せていないことがほとんどです．また，発表のあとで質問されると焦ってしまい，うまく答えられません．せっかく時間をかけて準備しているので，自分の伝えたいことをわかりやすく発表したいです．そして，質問にも的確に答えたいです．

Answer

　発表する「内容」については準備ができているのであれば，足りないのは「発表」の練習でしょう．まずは発表用のメモを作ります．原稿を作って丸暗記するのではなく，自分が伝えたいことの要点を箇条書きにします．メモができたら発表の練習をしましょう．実際に声に出して練習することが大切です．メモを見ながら，発表したい内容を声に出してみましょう．途中でつまってもかまわないので，最後まで続けます．このときに，ボイスレコーダーなどを使って録音できればよいですね．録音したものを聞き直せば，どの程度まで話せているのか確認できます．
　質疑応答については，質問されそうなポイントについて，自分なりの答えを用意しておきましょう．そのためには，出そうな質問を予想しておくことが大切です．

Result

　発表用のメモを作り，声に出し練習してみました．最初はメモを見ながらでないと話せませんでしたが，3回目の練習からはメモを見ずにやりました．途中でつまってしまうこともありましたが，やがてメモを見なくても自分の伝え

> たいことをひと通り話すことができるようになりました．実際のセミナーでは，いつもより落ち着いて最後まで発表できました．内容を準備するだけでなく，実際に話す練習をしておくことが大切だと実感しました．質疑応答では，想定していた質問が出たので，しっかりと答えることができました．

Point

　大学生になると，セミナーなど少人数の授業で発表する機会が増えてきます．実習でも，最後に発表の場を設けるケースが少なくありません．職場や社会でコミュニケーション能力が重要視されているため，大学教育においてもディスカッションや発表の機会が増える傾向にあります．研究室に配属されると定期的に進捗を報告しなければなりません．さらに卒業研究の中間報告会や卒業研究発表会があるので，早い段階で発表のスキルは身につけておきたいものです．

　発表が苦手な人は，内容は準備していても，話す練習をしないことが多いようです．以下に気をつけておきたいことを示します．

① 発表する内容をメモに記します．話す内容を箇条書きしたものでかまいません．
② メモをもとに話す練習をしましょう．最初はメモを見ながらでかまいませんが，最終的にはメモを見ずに話せるようになりたいですね．途中で内容が思い出せない部分があっても，最後まで通して練習することが大切です．
③ 実際に発表するときには，聞き手のほうを見て話しましょう．下を向いてメモを見ながらの発表では，訴求力が落ちます．スライドを使って発表するときは，スライドを見ながら発表するのではなく，聴衆に視線を配りながら発表するように心がけましょう．

　質疑応答では，質問を予想することが大切です．どのような質問が出そうかあらかじめ考えて，その答えも準備しておきましょう．発表に慣れてきたら，内容の一部は概要のみにとどめておいて，質問を誘導することもできます．ここまで来れば，発表もお手の物になっていることでしょう．

上手に発表したいものです

付録 困ったときは

A-6　レポートが書けない

Question

　授業の宿題としてレポートを書かなければなりません．レポートは成績評価にも反映されるため，きちんとしたものを書きたいのですが，授業ではレポートの書き方についての説明はありませんでした．先生からは，「レポートなので感想文にならないように」という注意があっただけです．これまで本格的なレポートを書いたことがないので，どのように書けばよいのかまったくわかりません．

Answer

　授業で課される宿題なので，授業で説明された内容に即していなければなりません．まず，授業のテキストやノートを参照しながら，自分なりに要約します．授業で学んだことから，レポートの課題についてどのようなことがいえるのか検討します．課題に関係する書籍を探したり，インターネットなどで調べて，必要に応じて引用します．出典は参考文献として記さなければなりません．
　レポートは次のように構成します．
①意見・主張
まず，与えられたテーマに対して自分がどのように考えるのかを述べます．意見を示す前に，背景として現状の分析を加えることもあります．
②理由
なぜ自分がそのように考えるのか，理由を示します．
③事実や事例
理由を裏づける具体的な事実や事例を記します．授業で説明された事例に加えて，自分で調べたことも追記します．
④結論
最初に述べた意見をいい換えるかたちで結論を示します．

なお，書籍やインターネットに記されていることを自分の意見として示すのは，剽窃という不正行為です．引用部分は明確に示し，出典として参考文献を記します．

Result

授業のノートを読み返してみると，与えられた課題に対してどのように考えればよいか，わかってきました．そして，授業で説明された理論を用いれば，課題に関係する現象を説明しやすくなることも理解できました．また自分が調べた書籍には実際の応用例も示されていたので，その部分を引用し，参考文献として記載しました．このようなレポートを書くのは初めてでしたが，やり方がわかったので，これからはレポート課題が出ても大丈夫だと思います．

Point

大学ではレポートを書く機会が増えます．授業の宿題としてレポートが出されたり，期末試験の代わりにレポート提出というケースもあります．そして，理系学部では必ず実験の授業があり，毎回レポートを提出しなければなりません．したがって，早い段階でレポートの書き方について基本をマスターしておく必要があります．

- レポートを書く前に，まずは構成を考えましょう．実験レポートは基本的な構成（※）が決まっているため，慣れると書きやすいです．
- Ａ４用紙を用いて，常体（〜だ，〜である）で執筆するのが原則です．
- 所属，学生番号，名前を忘れないようにしましょう．
- 自分の意見と，参考文献からの引用を明確に区別しなければいけません．
- ワープロソフトで作成することが増えていますが，実験の場合は手書きを義務づけられることがあります．

※レポートの書き方については，第４章のコラム「実験レポートの書き方」に記していますので，そちらも参考にしてください．また，レポートや論文の書き方に関する書籍がたくさん出版されていますので，読んでみるのもよいでしょう．

レポートはたいへん

付録　困ったときは

A-7　期末試験が心配

Question

　大学の期末試験が心配です．授業の内容は，高校までと比べて難しくなっているのに進み方が早いため，ついていくのがやっとという状態です．教科書は専門書で，期末試験の範囲はその教科書全体になるようです．授業には毎回出席してノートも取っていますが，期末試験のことが心配です．「サークルの先輩から過去問をもらうから大丈夫」といっている同級生もいますが，それだけで期末試験の対策になるのでしょうか．期末試験の前には中間試験のある授業もあります．今のうちから準備できることがあれば教えてください．

Answer

　いまからできる中間試験，期末試験対策は，①予習して授業をしっかり聞く，②授業の中で重要なポイントを知る，③その重要なところを復習することです．まずは予習が重要です．高校までは復習が大事でしたが，予習により力を入れるようにバランスを変えてみてはどうでしょうか．授業の中では，先生が強調したところ，繰り返し説明したところ，練習問題を解かせたところは試験に出る可能性が高いと考えてよいでしょう．板書以外の説明もノートに記しておきましょう．重要な部分は復習して，宿題や練習問題を解けばさらに万全です．宿題や小テストを成績に反映させる授業もあるので，そのような課題をきちんとやっておくことも大切でしょう．なお，前方の席で授業を受けていると，やる気のある同級生と友だちになれるので，そのような友だちといっしょに勉強するのもお勧めです．

Result

　予習をすると，その日の授業で難しそうなところを前もって把握できるようになりました．その部分にさしかかると集中して先生の説明を聞くようになり，そこでは先生が，「ここは重要」といったり，繰り返し説明しているのに気がつきました．その日のうちにノートを見直しながら復習で練習問題を解いてい

たら，小テストに同様の問題が出されました．また前の席で授業を受けていると，いつも近くにいる同級生と友だちになりました．試験に向けて情報交換ができそうです．

Point

　特に理系学部では，授業の内容が高校までと比べて高度で，期末試験の範囲は教科書一冊ということも少なくありません．したがって，直前の試験対策より日頃の授業が大切になります．予習，授業，復習のプロセスで授業の内容を理解し定着させましょう．予習は授業では，教科書の重要そうなところ（公式，定理，定義など）をノートに写しておきます．予習して授業を聞いていると，先生が強調しているところ，繰り返し説明しているところに気づくはずです．そこは授業の中でも重要なポイントなので，試験に出る可能性も高く，必ず理解しておきたいところです．授業の後はノートをもとに復習して，練習問題や宿題を解いておけば万全です．ここまでやっておけば，試験直前に慌てなくて済むはずです．試験対策に念を入れて取り組むのであれば，試験に出そうな重要問題だけを抜き出したノート（メモ）を作成し，解法も整理しておきます．試験直前にその問題を解いておけば，不安なく試験に臨むことができます．

試験勉強はつらいですね

付録　困ったときは

A-8　もしかして，ブラックバイト？

Question

　大学に入学してからアルバイトを始めました．勉強する時間も確保しておかなければならないと思っていたので，アルバイトは週に2日くらいの予定でした．しかし来月のシフト表を見ると，希望した日以外にも勤務日がありました．シフトを決めている店長に聞くと「人が足りないからシフトに入って」と頼まれました．来月は他に予定もないので問題ないのですが，試験前にも同じようなことがあると勉強に支障が出てしまうかもしれません．世間でいわれるブラックバイトでなければよいのですが．

Answer

　学生には，アルバイトよりも優先しなければならないことがあります．もし，提示されたシフトによって試験や大学生活に支障が出るようであれば，きちんと理由を示して勤務を断りましょう．アルバイトを始める前には「希望に沿ってシフトを入れられる」ようになっているのか，契約内容をきちんと確認しておくことが大切です．試験や大学生活に配慮せず，希望の日以外にもシフトを入れて勤務を強要するようであれば，大学の学生課やハローワークなどに相談しましょう．

Result

　アルバイトの面接で店長から「希望に合わせてシフトを組む」と聞いていたので，再来月は試験があるため，希望日以外は勤務できないことを店長に伝えました．すると店長は「大学生だからね」といってくれました．店長からは「アルバイトであっても仕事には真剣に取り組んでほしい，そうすれば社会に出てから必要な力がつく」といつもいわれます．一方で「大学生は勉強も大事」と理解も示してくれました．もうすぐ新しいメンバーも加わるようです．店長からは，「先輩なんだから新人に教えるのも仕事だよ」といわれました．ここであれば，アルバイトを続けていくことができそうです．

Point

　雇用する側が学生に対して配慮せず，そのため学生生活に支障をきたすようなアルバイトは，ブラックバイトといってよいでしょう．ブラックバイトには，次のようなものがあります．

①残業代が支払われない．勤務している時間よりも給与が少ない．給与の未払いがある．
②ノルマが達成できないと，買い取りなど自己負担を求められる．
③セクハラ，パワハラがある．
④シフトを勝手に決められる．長時間の勤務を求められる．休みがない．
⑤辞めさせてもらえない．

　他にも，ミスすると罰金を徴収される，辞めようとすると損害賠償を求められる，などがあります．働く人の権利を守らない，学生に対する配慮をしないのはブラックバイトです．アルバイトも労働契約の一つであり，雇用する側と働く側が，お互いに労働条件に同意して成立するものです．したがってアルバイトを始める前に，まず労働条件をきちんと確認しておくことが必要です．そして，アルバイトであっても労働基準法などの法律で守られていることを知っておきましょう．もし，ブラックバイトと思われることに直面した場合には，どのような状況なのか，できるだけ詳しく記録に残しておきましょう．労働基準監督署などの公的機関やブラック企業被害対策弁護団などに相談することが可能です．「もしかして？」と思ったら，まずは学生課に相談にいくとよいでしょう．

よい職場環境で働きたいですね

付録 困ったときは

A-9　将来，何をしたいのかわからない

Question

　数学や物理などが好きだったので理系学部に進学しました．将来のことは大学に進学してから決めればよいと思っていました．しかし大学に入学しても，将来，自分がどんな仕事に就きたいのかわからず，卒業後のイメージがまったく沸かないのです．このまま，将来の目標がない状態で勉強することに疑問を感じはじめています．このまま学年が上がり，進路・就職を考えるときが来るのが不安です．

Answer

　まず学科の先輩がどんなところに就職しているのか調べてみるとよいでしょう（※）．理系は進学率も高いので，大学院を出た先輩たちについても見てみましょう．その中で興味のあるところに，インターンシップを応募してみましょう．理系の学生は，企業や公務員の技術系インターンシップに参加することができ，そこで理系の仕事を体験することができます．インターンシップは学科の事務室や大学のキャリアセンター経由で応募するものと，ウェブサイトなどで公募されているものがあります．将来どのような仕事に就くのか，いますぐ決められなくてもかまいません．あせらず，少しずつ情報を収集しながら，インターンシップなどを通して仕事のイメージをつかんでいきましょう．
※学科の事務室やキャリアセンターで情報が公開されています．

Result

　学科の事務室で先輩たちの就職先を見せてもらいながら話しを聞いたところ，少し具体的なイメージが湧いてきました．大学院を出た先輩たちのほうが，企業の研究所や技術系の公務員として就職した人が多いことがわかりました．ここから，大学院に進学してから就職という方向が見えてきました．さらに，夏休みにある公務員の技術系インターンシップには1年生から参加できるものがあることを教えてもらったので，応募することにしました．おぼろげながら

> かたちが見えてきて，これからの勉強に意欲をもって取り組むことができそうです．

Point

　大学に入学したばかりのときに，将来就きたい仕事が決まっている人はほとんどいません．しかし，先のことをまったう考えずに大学生活を過ごしていると，進路を決めるときに焦ることになります．そこで，1年生のうちにできることとして，おすすめしたいことがあります．

①先輩たちの就職先を見ておきましょう．先輩たちの就職先を知ると，自分が将来どんな分野に進むことができるのか，イメージしやすくなります．就職先は学科の事務室で閲覧できます．なお，その際に大学院生の就職先も見ておきましょう．大学院に進学するかどうかを決めるときの参考にもなります．
②技術系インターンシップを活用しましょう．インターンシップは仕事を知るうえで非常に役立ちますが，中でも技術系インターンシップは理系の仕事を体験できるのでおすすめです．対象が3年生や大学院生に限定されているものと，学年を問わず参加できるものがあります．技術系インターンシップに参加することにより，勉強や大学院進学に対するモチベーションが上がります．

　また，学科主催の企業見学を実施している大学もありますので，そういうものに参加するのもよいでしょう．将来の進路について少しずつ情報を集めて，インターンシップや企業見学に参加しておくと，納得できる進路が選べるのではないでしょうか．

いろいろな職業があります

付録　困ったときは

A-10　これって，ハラスメント？

Question

　授業中，先生から「男子ならもっとハキハキ発言しなさい．そんなんじゃ社会人としてやっていけないし，その前に就職できないぞ」といわれました．子どもの頃から人見知りをする性格で，声もあまり大きくありません．授業で指名されて答えたときも声が小さかったことは自覚していますが，自分なりに誠実に答えたつもりでした．ショックだったのは，「就職できない」といわれたことです．友だちは，「気にするなよ」といってくれましたが，かなり気分が落ち込んでいます．

Answer

　今回，先生にその意図はなかったと思われますが，人格を否定されたように感じて大きく気分が落ち込んだのであれば，ハラスメントとみなすことができます．ただし，学生が先生の発言に対して，「ハラスメントだからやめてほしい」と抗議するのは難しいと思います．成績評価などで不利益な扱いを受けるかもしれないと，余計に不安になるかもしれません．このようなケースでは，大学のハラスメント相談室が窓口となって，話を聞いてくれます．そして，ハラスメントと認められた場合には，申告者の匿名性を守ったうえで必要な対処を行います．

Result

　いっしょに授業を受けていた同級生といっしょに大学のハラスメント相談室を訪ねて，授業の中での先生の発言によってショックを受けたことを申告したところ，熱心に話を聞いてくれました．そのうえで，「授業の履修変更をしたいか」と問われました．たしかにショックを受けて落ち込んだのですが，同級生と別の授業には変わりたくないと答えたところ，改善するよう対処することを約束してくれました．ハラスメント相談室で親身になって話を聞いてもらったことにより，気持ちがかなり楽になりました．

Point

　ハラスメントとは，相手に不利益や損害を与えたり，個人の尊厳や人格を傷つける行為のことをいいます．言動を行っている本人にそのような意図はなかったとしても関係ありません．大学で発生しやすいハラスメントには，次のようなものがあります．

①セクシュアル・ハラスメント
　相手を不快にさせる性的な言動のことをいいます．具体的な例としては，「単位をあげることをを条件に交際を強要し，誘いを断ると，成績や評価で不当な扱いをする」，「不必要に接触し，それを拒否されると怒ったり，嫌がらせをしたりする」などがあります．

②アカデミック・ハラスメント
　大学における地位や影響力を利用して，教育や研究に関連して，嫌がらせなどの言動を繰り返すことを指します．具体的には，「先生が特定の学生に対してだけ研究指導をしない，もしくは過度に厳しく指導する」，「ゼミなどで罵倒したり，人格を否定するような発言を繰り返す」などがあります．

③その他のハラスメント
　たとえば「不当に無視したり，いじめなどをする」，「飲み会の席で飲酒を強要する」などがあります．

　多くの大学ではハラスメント相談室で話を聞いてもらえます．ハラスメントかなと思ったら，どのような状況でどのような言動があったのか，できるだけ具体的に伝えましょう．またメンタル面で不調をきたしたときは，学生相談室でカウンセリングを受けることもできます．

つらくなる前に相談室へ

付録　困ったときは

A-11　学費に困ったら

Question

　前期の授業が始まって，大学生活も順調に進みそうだと思っていましたが，ある日突然，父親が会社をリストラになったことを告げられました．両親は「授業料くらいなんとかするから心配しなくていい」と言ってくれるのですが，父親の仕事がすぐに見つからなければ退学も考えないといけないかもしれません．せっかく志望する大学に入学することができたので，できれば続けたいのですが．

Answer

　まず，学生課で相談してみましょう．多くの大学では，経済的に困難な状況に陥った学生を支援するために，授業料免除の制度があります．授業料免除は，半期の授業料を払わなくてもよいとするもので，全額免除や半額免除などがあります．家庭の年間の総所得が所定の額を下回った場合に授業料免除の対象となります．所得証明などの書類を添えて申請することにより，授業料免除の審査を受けることができます．申請のタイミングを逃すと免除が受けられないので，早めに相談にいきましょう．

Result

　授業料免除について相談にいくと，入学金や前期の授業料は納付済みなので，申請するとしたら後期の授業料免除だということでした．しかし，父親がリストラになったのは最近のことなので，前年度の所得証明をもとに審査する後期の授業料免除は受けられないかもしれません．授業料の免除ではありませんが，奨学金の緊急採用や応急採用という制度があることを教えてもらいました．万が一，父親の仕事がすぐに見つからないようであれば，奨学金を申し込むことに加えて，自分もアルバイトをしようと思います．

Point

　リストラ，事故，災害などにより家庭の経済状況が悪化した場合は，学生課に相談にいきましょう．学生の経済的困窮に対応するために，大学はいくつかの支援制度を設けています．

①授業料免除
　半期の授業料を払わなくてもよいとするもので，全額免除や半額免除などがあります．家庭の年間の総所得が所定の額を下回った場合に授業料免除の対象となります．

②授業料の分納，延納
　分納は，授業料を何回かに分けて払う制度です．2～6回に分けることができます．延納は払い込む時期を一定期間遅らせることができる制度です．前期の授業料の支払いは，通常は4月末が期限ですが，それを遅らせることができます．

③奨学金の緊急採用，応急採用
　日本学生支援機構の奨学金制度で，災害，事故，リストラなどで経済状況が急変したときに，大学を通して申請します．緊急採用は第一種奨学金（利息なし），応急採用は第二種奨学金（利息あり）です．

　いずれも申請の時期が決まっているため，早めに相談にいき，タイミングを逃さないようにしましょう．

学費に困ったらまず相談

付録　困ったときは

A-12　やむを得ず休学・退学するとき

Question

　4月に受けた健康診断で病気が見つかりました．病院で精密検査を受けた結果，担当の医師から早急に手術するようにすすめられました．さらに，手術後しばらくは体に負担のかかる投薬治療を続けなければならないため，「治療に専念するという意味でも前期は休学したほうがいい」といわれました．前期を休学すると後期の授業についていけなくなり，卒業が遅れてしまうのではないか．さらに，そのことによって就職や進学で不利益にならないか．いろいろ心配です．ほんとうに休学しても大丈夫なのでしょうか．

Answer

　病気やケガなどの，やむを得ない事情により休学するのはいた仕方ありません．手術や投薬治療が必要な場合は，通学や勉強に支障のない状態になるまでは休学し，十分に回復してから復学するほうがよいでしょう．休学して前期の授業が受けられなかった場合は，可能であれば夏休みに補習授業に参加するとよいでしょう（ただし，補習授業では単位は取得できません）．また，休学によって卒業が遅れても，正当な理由がある場合には就職活動などで不利益になることはありません．

Result

　両親とも相談して，病気治療に専念するため，前期は休学することにしました．休学すると決めたことで，気持ちの整理がついて，治療に前向きに取り組むことができそうです．休学するにあたってチューターの先生と面談すると，先生も休学に賛成してくれました．面談の際に，前期を休学して後期の授業を履修するときに，補習が必須となる授業があることを教えてもらいました．このように学習支援センターでサポートを受けられると聞いて安心しました．しっかり病気を治して，早く大学に戻りたいと思います．

Point

やむを得ない事情で大学に通うことができなくなった場合，休学することができます．休学するときに注意しておきたいことを記します．

①手続きを忘れないように

当然ですが，休学する際には届けを提出する必要があります．休学の期間，理由などを記します．その際にチューターとの面談が義務づけられている大学もあります．復学する際にも手続きが必要です．

②卒業が延びる

たとえ単位が揃っても，在籍期間が4年に達しないと卒業できないと定められているため，休学すると卒業が遅れます．最近は，半期ごとに卒業できる大学がほとんどなので，半期だけ休学したときは，卒業も半期の遅れになります．

③不利益にはならない

正当な理由があれば，休学が就職活動や大学院進学の際に不利益になることはありません．ただし休学の理由は質問されることもあるでしょう．

④授業料を確認しておこう

休学期間中は授業料を納入する必要のない大学が多いですが，在籍料の納入が必要な大学があります．

⑤補習授業

理系学部では，前期を休学した場合，後期の授業を受ける条件として補習授業の受講が必須になっていることがあります．

病気やケガ，あるいは経済的な事情など，やむを得ない事情で退学を検討している場合，すぐに退学するのではなく，前段階として休学するという方策があります．休学している間に事情が好転すれば，復学することができます．

健康は大切です

キーワード（索引）

関係する節番号を示した．赤字は関連する内容がコラムに記されている．

インターンシップ：9-1，**A-9**
オフィスアワー：1-6，4-4，**A-4**
オリエンテーション：1-4，1-5
学習支援センター：5-1，**A-4**
学生用システム：3-4
学会：8-4
クォーター制：4-3
研究室：2-1，8-2，**8-2**
国際会議：7-1，8-4
コンピュータ室：2-3
実験：2-1，4-7，第5章末コラム，第7章末コラム
集中講義：4-3
シラバス：3-4，4-4
生協：1-2，**1-4**，2-4
セメスター制：4-3

選択科目：4-2，4-5
大学院：9-2，9-3
チューター：1-6
TA：5-3，**5-3**
定期試験：4-8，**A-7**
特許：8-5
博士：7-1，9-4
パソコン：3-1，3-5
必修科目：4-2
プレースメントテスト：1-5，**4-2**
ポートフォリオ：7-4，**7-4**
メール：3-2，3-3
ラーニング・コモンズ：5-2
履修登録：1-5，3-4，4-5
レポート：3-1，第7章末コラム，**A-6**

■ 著者略歴

原田　淳（はらだ　じゅん）
県立広島大学総合教育センター教授，キャリアセンター長．
2007年　徳島大学大学院工学研究科博士後期課程修了．
研究テーマ：ストレス・マネジメント教育プログラムの開発と効果の検証．
趣味：水泳，スキューバダイビング（水中写真の撮影）

理系大学生活ハンドブック

2017年1月31日　第1刷　発行

検印廃止

JCOPY　〈(社)出版者著作権管理機構委託出版物〉
本書の無断複写は著作権法上での例外を除き禁じられています．複写される場合は，そのつど事前に，(社)出版者著作権管理機構（電話 03-3513-6969，FAX 03-3513-6979, e-mail: info@jcopy.or.jp）の許諾を得てください．

本書のコピー，スキャン，デジタル化などの無断複製は著作権法上での例外を除き禁じられています．本書を代行業者などの第三者に依頼してスキャンやデジタル化することは，たとえ個人や家庭内の利用でも著作権法違反です．

乱丁・落丁本は送料小社負担にてお取りかえします．

Printed in Japan　©Jun Harada 2017
無断転載・複製を禁ず

著　者　原田　　淳
発行者　曽根　良介
発行所　(株)化学同人

〒600-8074 京都市下京区仏光寺通柳馬場西入ル
編集部　TEL 075-352-3711　FAX 075-352-0371
営業部　TEL 075-352-3373　FAX 075-351-8301
　　　　振　替　01010-7-5702
E-mail　webmaster@kagakudojin.co.jp
URL　http://www.kagakudojin.co.jp

印刷・製本　西濃印刷(株)

ISBN978-4-7598-1832-1